만들어진 기적, 진화
도킨스의 사기

제1판 1쇄 발행 2022년 11월 25일

지은이 유성오
펴낸이 태초에 말씀이
표지, 편집디자인 최민주
진행 총괄 최성원

펴낸곳 태초에 말씀이
주소 서울특별시 용산구 효창원로86길 60-7(청파동 2가)
전화 02 715 1751
등록 제2021-000050호

만들어진 기적, 진화

도킨스의 사기

유성오

태초에 말씀이

서론
기적으로 가득 찬 동화

기독교 현대 신학의 걸림돌은 기적이었다. "기도하니 물이 포도주로 변했다? 내가 경험할 수 없는 일이다. 결코 과학적이지 않다. 그래서 성경은 신화다. 미신적 사고에 젖었던 전근대인들에게나 먹힐 얘기다." 그 말 앞에서 쭈그러든 게 소위 기독교 자유주의 신학의 출발점이었다.

그런데 재미있는 것은 기적을 과학이 아니라고 비판하는 진화론자들 역시 너무나도 풍성하게 기적을 믿고 있다는 사실이다. 다만 그들은 기적을 우연(저절로)이라고 부른다. 개구리에게 키스를 하니 왕자로 변했다. 기적이다. 개구리가 오랜 시간이 지나니 우연히 저절로 사람으로 변했다. 과학이다. 웃기지 않는가?

개구리가 오 분 지나자 사람이 되었다. 백 년 지나자 사람이 되었다. 만 년 지나자 사람이 되었다. 백만 년이 지나자 사람이 되었다. 개구리가 수억 년 지나자 사람이 되었다. 어디쯤을 기준으로 기적이 과학으로 둔갑하는 것일까? 약간의 철학적 성찰만으로도 진화론이 온통 기적으로 도배되어 있다는 사실을 금방 눈치 챌 수가 있다.

다윈이 관찰했다는 핀치 새 부리의 변화는 기적이 아니었다. 유전자 안에서의 변이(적응)에 불과했다. 핀치 새의 부리가 물고기 입술이나 포유류의 입술로 바뀐 것이 절대 아니기에 기적이 아니다. 만일 오랜 시간과 우연에 의해 핀치 새의 부리가 포유류의 입술이나 물고기의 입술로 바뀌었다고 주장한다면, 이는 기적이다. 너무나 놀라운 기적이다. 진화론은 무생물로부터 생물의 탄생, 그리고 아메바로부터 시작해서 인간에 이르기까지 각 진화의 단계마다 너무나도 많은 기적을 상상하고 믿는다. 종에서 종으로의 진화 과정이란, 초자연적인(자연에서 관찰 경험할 수 없는) 기적들의 연속일 뿐이다.

오랜 시간과 우연은, 새로운 정보를 담은 조직체(기계들/ 화살, 시계, 우주선, 컴퓨터, 로봇 따위)를 만들어 내지 못한다. 그게 과학이다. 당연히 새로운 정보를 담은 조직체인 생명체도 만들어 내지 못한다. 그걸 알았기 때문일까? 진화론자들은 오랜 시간(우연)을 '자연 선택, 적자생존, 돌연변이'이란 말로 슬쩍 위장해 놓았다. 과학적인 뭔가가 있는 것처럼 언어적 포장을 한 것이다. 관찰되지도 않는 뭔가의 상상물을 만들어 놓고는 학술적인 용어를 갖다 붙임으로써 과학적인 뭔가가 있는 척한 거다.

자연 선택이라구? 자연은 선택하지 않는다. 생명체가 선택한다. 타고난 유전자의 능력 범위 안에서 환경에 적응하든가, 아니면 살기 위해 그 환경으로부터 다른 곳으로 옮겨 가든가 한다. 물이 말라 버린다고 해서 물고기가 다리를 만들어 내는 일은 생기지 않는다. 그 물고기의 유전자 안에 다리를 만들 수 있는 정보가 본래부터 있지 않는 한 말이다. 날고 싶다고 해서 날개를 만들어 내지는 못한다. 본래부터 날개를 만들 수 있는 유전적인 정보를 가지고 있지 않는 한 말이다.

적자생존한다구? 적자생존은 과학적으로 의미가 없는 말이다. 적자는 누구인가? 생존자다. 생존자는 누구인가? 적자다. 강자가 누구인가? 이기는 자다. 이기는 자는 누구인가? 강자다. '적자생존의 원리'라는 식의 표현은 말장난일 뿐이다. 과학적인 그 어떤 의미도 담고 있지 않은 동어 반복(同語反覆)적 선언에 불과하다. '강자승리의 법칙'이란 게 과학법칙으로서 어떤 의미를 갖고 있다는 말인가?

돌연변이의 정체는 뭘까? 그냥 우연이다. 어쩌다가 유전자가 손상을 입는다. 손상을 입어서 기능이 더 좋아졌다는 것이다. '윈도우 XP'에 무차별적으로 바이러스 공격(돌연변이)을 해댔더니, 우연히 '윈도우 10'으로 업그레이드(진화)되었다는 기적에 대한 믿음이다. 컴퓨터 프로그래머들에게 한번 물어 보라. 36억 마리의 원숭이들이 무차별적으로 컴퓨터 자판을 1년 동안 난타했을 때, 완벽하게 작동하는 '윈도우 10' 프로그램이 우연히 만들어진다는 게 과연 가능한 일인지... 좀 더 가능성을 높이기 위한 방법으로 거기다 오랜 시간을 첨부해서 36억 년 동안 두드리게 한다고 해서 완벽하게 작동하는 '스타크래프트' 컴퓨터 게임이 우연히 저절로 만들어지는 게 가능한 일인지....

생명체의 유전자는 아주 복잡한 프로그램이다. 만일 누군가가 '아래아 한글'이 무차별적 바이러스 감염에 의해 마침내 '포토샵'이나 '스타크래프트'로 우연히 진화했다고 주장한다면, 이는 과학이 아니라 초자연적인 기적이 발생했다고 말할 것이다. 진화론은 우연이 기적을 창조해 낸다는 신앙이다. 미신도 그런 미신이 없다. 여기다가 슬쩍 '수백만 년 동안'이라는 신비의 묘약을 가미함으로써 사람들을 현혹하려 한다면, 종교적 사기술이다.

진화론자에게는 '오랜 시간'(우연)이 창조자라는 신앙이 있다. 유신론자에게는 '놀라운 지성'(신)이 창조자라는 신앙이 있다. 신(놀라운 지성)을 경험할 수 없기에 초자연이라면, 수십억 년도 경험할 수 없기에 초자연이다. '오랜 시간(우연)'은 상상이 만들어 낸 가정일 뿐, 그 누구도 경험한 적이 없는 비현실이다.

창조의 원인으로서 지성을 가정하는 것이 우연(오랜 시간)을 가정하는 것보다 훨씬 더 과학적이다. 인간의 지성이 새로운 조직체(정보)를 만드는 것은 무수히 경험할 수 있지만, 인간 역사에서 오랜 시간(우연)이 새로운 조직체(정보)를 만드는 것은 결코 경험할 수 없었기 때문이다.

"진화론을 부정하면 신을 인정해야 한다. 그건 도저히 받아들일 수 없는 일이다. 그래서 진화론은 사실이다." 진화론자의 이런 신앙고백이야말로 진화론이 갖고 있다는 유일한 과학적(?) 증거일 것이다.

진화론의 기적은 오랜 시간(우연)을 필요로 한다. 성경의 기적은 뛰어난 지성(신)을 필요로 한다. 불행하게도 오랜 시간(우연)은 기존의 기계(정보 조직체)를 망가지게 할(파괴할) 뿐, 새것을 창조해 내지 못한다는 게 과학의 법칙(엔트로피의 법칙/열역학 제2법칙)이다. 놀랍게도 상대적으로 덜 뛰어난 인간의 지성도 놀라운 문명의 이기(무인 우주선, 무인 운전 자동차, 컴퓨터, 로봇)들을 창조해 낸다는 게 과학적 사실이다.

진화론에서 기적(창조)의 주체는 '오랜 시간/우연(비지성)'이다. 성경에서 기적(창조)의 주체는 '신/뛰어난 지능(지성)'이다. 진화론은 우연(오랜 시간)을 믿는 종교일 뿐, 과학이 아니다. 우연(오랜 시간)은 질서와 정보를 망가지게 할 뿐, 새롭게 창조해 내지 못한다는 게 과학(관찰과 경험)의 정설이기 때문이다. 우연히 만들어졌다고 하면 비과학적이라는 게 너무나 빨리 드러나기에 슬쩍 '오랜 시간'이라는 경험할 수 없는(형이상학적) 조건을 첨부한다. 그래야만 사람들의 의심을 덜 수 있기 때문이다. 그래서 그들은 집요하게 오랜 시간에 집착한다.

오랜 시간을 입증하기 위해서 그들이 과학적 증거인 것처럼 슬쩍 내놓는 방사성 연대 측정이라는 것은 어떤가? 방사성 연대 측정법은 20세기에 개발되었다. 우리가 알고 있는 화석과 지층의 생성 연대는 방사성 연대 측정법이 나오기 훨씬 전부터 정해지기 시작했다. 화석과 지층의 생성 연대는 방사성 연대 측정법과 상관없이 정해진 것이다.

그렇다면 화석과 지층의 연대는 과연 이후에 알려진 방사성 연대 측정법에 의해 입증되었는가? 방사성 연대 측정 결과들은 오랜 시간을 지지하기도 하지만, 오랜 시간을 부정하기도 한다. 측정 결과가 일관성이 없다는 얘기다. 방사성 연대 측정 물질이 오염되었거나 잘못 측정할 가능성이 있기 때문이다. 그러면 측정 물질의 오염 여부나 잘못된 측정 여부를 어떻게 알 수 있는가? 아주 간단하다.

연대 측정 물질의 오염 여부나 잘못된 측정 여부를 판단하는 기준은 진화론자들이 원했던 시간과의 일치 정도이다. 연대 측정 결과가 그들이 기대했던 오랜 시간으로 나오지 않으면 측정 물질이 오염되었거나 측정 과정에 오류가 있었다고 판단하고, 그들이 원했던 오랜 시간이 나오면 측정 물질이 오염되지 않았고 측정 방식에도 오류가 없었다고 판단(해석)한다. 그런 식으로 걸러내는 과정을 통해 자신들이 오염되지 않았다고 결정한 것만을 발표한다. 얼마나 많은 측정 결과가 오염되었다는 주관적 판단 하에 버려지는가? 부지기수다.

"방사성 탄소 연대 측정 결과가 우리 이론을 지지하면 본문에 인용합니다. 이게 완전히 우리 이론을 부정하지 않으면 각주에 넣습니다. 우리의 이론과 완전히 맞지 않으면 버리면 됩니다." 1970년 노벨 심포지엄에서 진화론자 브루 박사가 한 말이다.

뭔가 복잡한 조직체(기계, 로봇, 자동차, 인간, 거북 등)가 생겨났을 때, 그게 우연에 의해 만들어졌다고 얘기하든, 신이라는 지성에 의해 만들어졌다고 얘기하든 엄밀히 따지자면 과학은 아니다. 해석이고 신념이고 종교일 뿐이다. 관찰과 실험을 통해 그것을 반복해 내기 전까지는 말이다. 다만 어떤 해석이 좀 더 과학적 사고에 가깝냐는 비교는 할 수 있다.

땅을 파다가 도자기가 나오면 인간(지성)에 의해 만들어졌다고 하는 게 과학적인가, 아니면 우연(오랜 시간)에 의해 만들어졌다고 하는 게 과학적인가? 흙이 오랜 시간 동안 우연히 굳어서 저절로 도자기가 되었다고 해석하는 것은 결코 과학적이지 않다.

청소하는 로봇은 36억 년의 진화를 거쳐 우연히 만들어졌다고 하는 게 초자연적인가, 어떤 지성이 만들었다고 하는 게 초자연적인가? 철광석이 우연히 마그마에 의해서 녹아서 철이 만들어지고, 그 철이 오랜 시간 동안 알 수 없는 돌연변이와 자연 선택(지진과 벼락과 화산과 태풍 등)을 통해서 여러 가지 부품으로 진화하고, 오랜 시간 동안 알 수 없는 운동에 의해 부품들이 저절로 조립되었다고 해석하는 것은 초자연적인 설명이다.

캄보디아의 유적지 앙코르와트는 지진과 태풍과 알 수 없는 물리적 운동에 의해 우연히 만들어졌다고 하는 게 기적인가, 아니면 알 수는 없지만 누군가 지적인 존재(사람이든, 우주인이든, 신이든)가 거기에 있어서 건설했다고 하는 게 기적인가? 오랜 시간 동안 우연히 흙이 굳어서 벽돌이 되고, 벽돌이 오랜 시간 동안 우연히 지진과 태풍과 알 수 없는 무작위적 운동에 의해 차곡차곡 쌓여져서 저절로 집이 만들어졌다고 하는 것은 기적이다.

바다 밑에서 발견되는 낡아빠지고 부서진 배가 아주 오랜 시간 우연히 저절로 생겨난(진화한) 것이라고 해석하는 게 합리적인가, 사람(지성)이 만든 배가 오래전에 침몰해서 거기에 있는 거라고 해석하는 게 합리적인가?

진화론이란 오랜 시간과 우연이 이 세상에서 가장 복잡한 정보를 담은 조직체인 생명체를 무작위적인 운동을 통해 저절로 만들어 냈다는 기적 신앙을 가진 종교일 뿐이다.

2003년에 창조론자 퍼즈 라나와 생명의 기원에 대해 토론을 벌였던 진화론자 마이클 루스의 주장을 들어보자.

"세포를 보면... 저는 분명히 설계가 된 것처럼 보인다고 말합니다. 무작위적으로 합쳐진 것처럼 보이지 않아요. 누군가가 아주아주 공들여 만든 것처럼 보입니다. 그러므로 저는 저희가 설계된 것 같은 현상에 대해 얘기하고 있음을 부정하고 싶지 않습니다....

저는 생명의 근원이 말도 안 되게 어려운 문제라는 라나 박사의 의견에 동의합니다. 어느 누구도 이것을 부정하지 않을 겁니다. 저는 오늘날의 과학자들이 완전한 해답, 심지어 적절한 해답을 갖고 있지 않다는 라나 박사의 의견에 동의합니다. 저는 이 업계에 소위 양아치들이 많이 있다는 라나 박사의 의견에도 동의합니다. 스티븐 제이 굴드가 자주 언급했던, '그럴 수도 있지 않아?'식의 추측들이 난무합니다....

물론 처음에는 식은 죽 먹기처럼 보였어요. 하지만 10년, 15년, 20년이 흐르면서 어느 누가 생각했던 것보다 훨씬 더 어렵다는 것이 분명해졌죠. 훨씬 더 어렵고 지금 아무도 이를 부정하지 않을 것입니다. 그렇다면 우리가 물어야 할 것은 '이제 무엇을 해야 하는가?'입니다. 항복하고 성경적인 관점을 갖고... 저는 항상 말합니다. 성경적인 관점을 갖겠다면 제가 굳이 말릴 수 없어요. 하지만 여러분은 과학을 하는 게 아닙니다... 과학이 기적을 가리킵니까? 저는 아니라고 말하고 싶어요. 아닙니다."

진화론은 진화의 매 단계마다 오랜 시간(우연)의 이름으로 기적을 믿는다. 그래서 마이클 루스의 말 그대로 진화론은 과학이 아니다.

진화를 믿는다고 하면, 그건 사실이다.
진화를 사실이라고 하면, 그건 종교다.

진화를 과학이라고 하면, 그건 사기다.

창조를 언급한 도킨스의 표현을 그대로 진화에 돌려주어야 할 것 같다.
"만일 진화가 과학적으로 입증되었다고 단언하는 분을 만나면, 그 사람은 무식하거나 어리석거나 미쳤거나 아니면 사악하다고 말하는 것은 절대적으로 안전하다."

차례

서론 - 기적으로 가득 찬 동화

제1부 진화는 기적이다

1. 과학인 체하는 종교

① 진화론은 우연을 믿는 신앙 체계이다   23
② 도킨스의 사기   28
③ 진화라는 상상   51
④ 과학과 진화론   55

2. 진화론을 정당화했던 거짓 증거들

① 개체 발생은 계통 발생을 반복한다? - 과학자의 사기 행각   75
② 오파린의 가설과 밀러의 실험 - 그야말로 거짓말(가설)   77
③ 화석의 연대는 방사성 연대 측정법이 입증한다? - NO   80
④ 필트다운인 - 조작된 인류의 조상   84
⑤ 적자생존과 자연 선택 - 의미 없는 동어 반복   88
⑥ 진화론 신념이 만들어 낸 오류   95

제2부 진화론은 과학이 아니다

3. 진화론에는 과학적 증거가 없다

① 자연 발생설의 추락 – 파스퇴르의 실험   101
② 돌연변이의 절망 – 유전자 정보는 증가하지 않는다   117
③ 진화론을 가득 채운 기적들 – 우연의 창조   129
④ 지질 주상도(지층 연대표)라는 공수표 – 상상 속의 연대   139
⑤ 진화 계통나무의 실체 – 텅 빈 중간고리들   144
⑥ 방사성 연대 측정법의 진실   149

4. 과학적 관찰과 실험들

① 지층   157
② 화석   170
③ 공룡   178
④ 지구의 나이   188
⑤ 별의 거리   196
⑥ 유전자의 퇴화   214
⑦ 인류의 조상   217

5. 진화론의 살길   220

6. 창조론과 지적 설계   229

1부

진화는 기적이다

1. 과학인 체하는 종교
2. 진화론을 정당화했던 거짓 증거들

1. 과학인 체하는 종교

① 진화론은 우연을 믿는 신앙 체계이다
② 도킨스의 사기
③ 진화라는 상상
④ 과학과 진화론

1859년, 다윈이 『종의 기원』이라는 책을 출판하였다. 다윈이 처음으로 진화론을 주장한 것은 아니었다. 이미 그리스 시대부터 흙으로부터 저절로 식물과 하등 동물이 생겼고, 인간은 어류로부터 진화한 것이라는 주장이 있었다.

다윈의 진화론에 직접적으로 큰 영향을 준 것은 라이엘(1797-1875)의 『지질학 원리』였다. 라이엘은 지층이 오랜 시간에 걸쳐서 서서히 형성되었다(동일 과정설)고 주장했다.

'지형은 오랜 시간에 걸쳐서 지속적으로 서서히 일어나는 아주 작은 변화들이 누적되어서 만들어지는 것이다.... 현재는 과거의 열쇠이다.'

다윈의 조부였던 에라스무스 다윈은 생명이 바다에서 발생하여 양서류, 육지 동물, 원숭이를 거쳐서 사람이 되었으며, 환경에 대한 적응이 바로 진화의 요인이라 주장했다.

이들의 영향을 받은 다윈이 『종의 기원』에서 체계화한 진화론의 요지는 이러하다.

"생물은 필요 이상으로 많은 새끼를 낳는다. 그들 사이에 생존 경쟁이 벌어진다. 자연환경에 적응하는 과정에서 변이가 생기고 이 때문에 생존이 유리해진 것들이 살아남는다(적자생존). 이런 식으로 자연은 우월한 형질을 선택한다(자연 선택). 자연의 선택이 오랜 시간 동안 누적됨으로써 종의 진화가 이루어진다."

다윈 이후에 유전학의 발달로 말미암아 다윈이 추측했던 것처럼 후천적으로 획득한 형질이 누적되는 게 아님이 밝혀졌다. 그래서 유전자에서 생기는 돌연변이의 누적을 통해서 진화가 이루어진다는 내용으로 수정되

었다.(신다윈주의)

진화론은 과학적으로 검증된 이론일까?
'진화론은 과학적 사실이고, 창조론은 종교적 신앙이다.'
무신론자들 사이에 진리처럼 퍼져 있는 확신이다. 또한 〈진화론〉이라는 PBS TV 시리즈가 암묵적으로 주장하는 메시지이기도 하다.
'알려진 모든 과학적인 증거는 진화론을 지지한다. … 지난 150년 동안에 있었던 새로운 발견들은 하나같이 진화론을 지지하고 있었다.'
과연 정말 그럴까?
고생물학자 패터슨 박사는 1973년, 시카고 대학에서 열린 진화론 세미나에서 참석자들에게 공식적으로 물었다. "진화론의 증거가 있습니까?" 잠시 침묵이 흐른 끝에 한 참가자가 대답했다. "내가 아는 한 가지 사실은, 진화론이 학교에서 가르쳐져서는 안 된다는 것입니다."
1980년 진화론자들의 회의가 시카고에서 개최되었다. 그 회의의 주된 결론은, 지금으로서는 진화의 증거를 보여 줄 수 없으며 앞으로도 그럴 수 없을 것이란 것이었다.

"진화론은 확실히 지식에 위배되는 것이다…. 나는 진화론이 진리일 것이라 믿고, 나의 모든 생애를 허비해 버렸다." (콜린 패터슨, 고생물학자)
"과학자들의 증가, 특히 진화론자들의 증가가 다윈의 이론은 전혀 진실된 과학 이론이 아니라는 주장들을 낳게 되었다." (마이클 루스, 진화론 철학자)

① 진화론은 우연을 믿는 신앙 체계이다

20세기 가장 영향력 있었던 과학 철학자로 꼽히는 칼 포퍼는 다윈의 진화론을 '형이상학적 연구 프로그램'이라고 규정했다.

"다윈주의는 실험 가능한 과학적 이론이 아니라, 형이상학적 연구 프로그램이다."

심지어 진화론이 쓸모가 없다고 평가하는 사람조차 있다.

"진화론은 어른들을 위한 동화이다. 진화론은 과학의 진보에 전혀 도움이 되지 않았다. 진화론은 쓸모가 없다." (루이스 부누르 교수)

"나로서는 20년 이상이나 어떠한 형태로든 진화론의 연구에 관계해 왔습니다만, 어느 날 아침에 눈을 떴을 때, 하룻밤 사이에 변화가 일어났다는 것을 느꼈습니다. 20년 이상이나 연구해 온 일인데, 무엇 하나 알고 있는 것이 없다는 사실을 깨달은 것입니다. 그로부터 몇 주일 동안 여러 사람에게 하나의 질문을 던지며 돌아다녔습니다. 〈귀하는 진화론에 대하여 무엇을 알고 있소, 무엇이든 하나라도 좋으니 검증 가능한 것을 가르쳐 주시겠습니까?〉라고 말입니다.

그러나 대답은 언제나 침묵뿐이었습니다. 과거 여러 해 동안 진화론에 관하여 조금이라도 공감을 하셨다면 그것은 지식으로서가 아니라 신앙으로서 그랬던 것이라 할 수 있을 것입니다. 저의 경우도 그랬습니다. 진화론은 과학적 사실이 아닐 뿐만 아니라 오히려 그 정반대의 것인 것 같습니다." (콜린 패터슨 박사, 영국 자연사 박물관)

제임스 투어는 <지난 10년 간 최고의 화학자 10인>(2009), <세계에서 가장 영향력 있는 과학자 50인>(2014)에 선정된 유기 화학자다. 그는 어떻게 진화론이 가능한지 도저히 이해를 못하겠으며, 개인적인 자리에서 다른 진화론자들에게 물어봐도 그들 역시 대답을 못하거나 모른다고 고백한다고 얘기한다. 분자를 만들어 내는 것이 얼마나 어려운지 알면 진화론의 주장을 도무지 이해할(받아들일) 수 없어야 한다고 그는 주장했다.

50년의 세월 동안 30권 이상의 저서를 내며 무신론 진영의 이론적 기반을 제공했던 영국의 앤터니 플루 교수는 과학의 발전에 따라서 밝혀지는 창조주 존재의 증거들을 더 이상 부인할 수 없게 되었다. 창조론자들의 주장을 깨뜨리기 위해 반 백 년의 세월을 보냈던 그는 결국 말년에 우주를 창조한 신을 인정할 수밖에 없다고 고백했다.

진화론자인 마이클 루스도 진화론에 '종교적'인 면모가 있음을 인정한다.

"진화론은 어느 단계에서는 경험적으로 증명할 수 없는, 선험적인 혹은 형이상학적 가정을 필요로 하는, 종교와 같은 것이다…. 진화론은 과학 이상으로 떠받들어진다…. 그들의 말이 맞다. 진화론은 종교다. 시작 때도 그러했고, 오늘날도 여전히 그렇다."

"다윈주의의 진정 탁월한 업적은, 그의 이론이 최종 원인을 신에게 (신적 능력으로) 돌리는 일을 불필요하게 만들었다는 것이다…. 진화론은 이 세계의 다양성과 적합성을 오로지 유물론적으로만 설명하도록 하였다. 거기에 창조주 또는 설계자로서의 신은 더 이상 필요하지 않다." (에른스

트 마이어 교수, 하버드대 생물학)

그러나 진화론을 믿었던 스웨덴의 식물학자인 닐슨은 40년이 넘도록 진화론의 증거를 찾으려 했지만 실패하고 말았다.

"40년 이상에 걸쳐 실험을 통해 진화를 보려던 나의 시도는 완전히 실패했다. 진화라는 아이디어는 순수한 믿음에 달려 있다."

"만물이 저절로 만들어졌다는 진화론을 믿지 않는 자들은 무식하거나 바보거나 정신이 나간 자들이다." (리처드 도킨스)

도킨스의 확신과는 달리 진화론은 증거가 없는 하나의 신앙일 뿐이다. 찰스 다윈의 『종의 기원』 1971년 판의 서문을 쓴 영국의 과학자 매튜조차도 다음과 같이 인정하고 있다.

"진화론은 단지 가설로 세워진 믿음 체계일 뿐, 어느 것도 증거가 밝혀진 것이 없다."

진화론이 나온 지 150년이 넘었으나 과학적 증거는 하나도 없고, 오히려 최근에 확인된 화석들은 다윈의 주장이 잘못되었다는 사실만을 입증하고 있다.

"수많은 연속적인 작은 수정에도 생길 수 없는 복잡한 구조가 존재한다는 것이 밝혀진다면, 나의 이론은 완전히 깨질 것이다." (찰스 다윈)

과학의 발달로 세포는 상상을 초월한 복잡한 구조를 가지고 있음이 밝혀졌다. 다윈의 예언대로 그의 이론은 완전히 깨진 것이다.

만일 누군가가 보잉 707 비행기가 광산에 쳐 박혀 있는 철광석 조각의 작은 변화(용암과 지진과 폭풍 같은 우연적 환경에 의한 개체 변이/돌연변이)를 통해 수십억 년 만에 저절로 우연히 만들어졌다고 하면 과연 과학적으로 말이 되는 얘기일까? 비행기 역시 다윈 시대의 지식수준과 비교하자면 상상을 초월한 복잡한 구조를 가지고 있다.

하물며 인간의 세포는 그런 비행기보다도 훨씬 더 복잡한 구조와 정보를 담고 있다. 인간 DNA에 담겨 있는 정보의 양은 비행기가 담고 있는 정보의 양과 비교할 때 다윈이 표현한 대로 상상을 초월한다.

다윈의 진화론은 시작부터도 그랬지만, 150여 년이 지난 지금도 여전히 과학이 아니라 신념(종교)일 뿐이다. 마치 과학적으로 입증이라도 된 듯이 사기를 치고 있지만, 오히려 과학적 사실과 법칙들에 모순되는 신념이다.

현대의 진화론자들조차도 '과연 진화되었는가?'라는 심각한 회의에 빠져 있다. 예를 들어 매우 강력한 진화론자였던 모어는 이렇게 말하고 있다.

"고생물학을 연구하면 연구할수록 진화론은 오직 믿음에만 근거한 것임을 더욱 확신하게 된다."

다른 유명한 진화론자 왓슨 교수의 말을 인용해 보자.

"진화론이 동물학자들에게 받아들여지는 이유는, 그것이 일어나는 모습이 관찰되거나 구체적인 증거에 의하여 입증되기 때문이 아니며, 진화론에 대한 유일한 대안(창조론)이 확실히 믿을 만하지 않기 때문이다."

그렇다면 진화론은 믿을 만하다는 얘긴가? 그보다는 '창조론(신)이

싫어서...'라고 말하는 게 더 정직할 것이다. 진화론은 창조론보다 훨씬 더 큰 믿음과 초자연적(관찰 경험할 수 없는) 기적을 필요로 하기 때문이다. 이 점은 뒤에서 좀 더 면밀히 살펴보도록 하자.

영국의 유명한 진화론자 키스 경은 아주 솔직하게 말한다.

"진화론은 입증되지 않았고, 또 입증될 수도 없다. 우리가(진화론자들이) 진화론을 받아들이는 이유는, 진화론이 아니면 특별한 창조론을 받아들여야 하는데, 창조론을 받아들인다는 것은 도저히 생각할 수 없는 일이기 때문이다."

왜 창조론은 받아들일 수 없을까? 신의 존재를 인정하고 싶지 않기 때문이다. 과학적 이유는 없다. 나보다 우월한, 내 이성을 넘어선 존재, 내 도덕성을 판단하는 존재가 있다는 것이 견딜 수 없기 때문이다. 인간 스스로가 신이고 싶은 것이다.

"우리가 『종의 기원』에 대해 좋아서 펄쩍 뛴 이유는 신에 대한 생각이 우리의 성적 관습을 방해했기 때문이다." (줄리안 헉슬리)

그는 이게 싫었던 것이다.

'너는 네 이웃의 아내와 동침하지 말라. 너는 여자와 동침함 같이 남자와 동침하지 말라. 너는 짐승과 교합하여 자기를 더럽히지 말라. 전에 있던 그 땅 주민이 이 모든 가증한 일을 행하였고 그 땅도 더러워졌느니라.' (성경/ 레위기18장 20~27절)

② 도킨스의 사기
- 상상 속에 세워진 기적의 사상누각

도킨스의 논법

진화 가능성에 대한 도킨스의 설명은 다음과 같다.

"원시 지구로부터 인간의 눈과 같은 복잡한 기관이 나타나는 것은 사실상 불가능할 정도로 있음직하지 않은 사건(도약)이다. 그러나 무작위적이며 자연 발생적인 사건들이 여러 번 이어진다면, 도약이 이루어지는 것이 그다지 있음직하지 않은 것도 아니다. 각각의 작은 단계는 있음직하지 않은 사건들로 구성되겠지만, 그 사건들도 사실상 불가능할 정도로 있음직하지 않은 것은 아니다.

지구의 역사에는 이러한 작은 도약들이 누적될 수 있을 만큼 엄청나게 긴 시간이 있었다. 눈이라는 기관의 발생 과정을 누적적인 단계들로 잘게 쪼갠 다음, 시작 단계에서 극히 개연성이 낮은 한두 단계만 극복하면 (진화라는 공이 일단 구르기 시작하면) 큰 도약도 충분히 일어날 수 있을 것이다."

이게 무슨 논법일까? 쉽게 얘기하자면 이렇다. 곰이 고래로 진화하는 것은 불가능해 보인다. 서로가 살고 있는 환경이 다르고, 신체 구조도 다르며 먹이와 행동들의 차이가 너무나 확연하기 때문이다. 당장 하루아침에 곰이 고래로 바뀌었다고 하면 미친 상상이요, 있을 수 없는 일(기적)이라고 말할 게 분명하다. 그러나 곰에서 고래로 변해 가는 과정을 수백,

수만, 수백만, 수천만 단계로 나누어 놓고 보면, 곰에서 고래로 변해 가는 과정의 첫 번째 단계가 일어나는 것이 그리 불가능해 보일 것 같지는 않나. 두 번째 단계에서 세 번째 단계로의 변화는 더욱 있음직해 보인다. 이미 한번 발생했던 일이지 않은가? 세 번째에서 네 번째로 변해 가는 것은 더더욱 가능해 보인다. 이미 몇 번 일어났으니까 말이다. 변화가 한두 번만 일어나면, 즉 진화의 공이 일단 구르기만 하면 불가능해 보이는 일이 점점 가능해지는 것이다(불개연성이 낮아지는 것이다). 아무리 불가능해 보이는 것도 수많은 단계로 쪼개면 쪼갤수록 점점 있음직한 일들이 되어버린다.

아주 간단히 요약하자면 이렇다.

'기적도 아주 수많은 단계로 분할해서 보면, 결코 기적이 아니다. 그래서 초자연적 기적은 과학적 사실이 된다.'

도킨스의 논법으로 기적 증명하기

물이 변하여 포도주가 될 수 있을까? 가나의 혼인 잔치에서 그런 일이 일어났다. 이는 기적이다. 과학적으로 있을 수 없는 일이었다. 그래서 도킨스는 성경이 비과학적이고 신화적이라고 미친 듯이 외쳤다. 미개한 정신만이 그런 미신 같은 얘기를 믿을 것이라고 말이다.

도킨스의 논법대로 이 기적을 살펴보기 위해서 물과 포도주 사이의 차이에 대한 무한 분할을 시도해 보자. 물이 포도주로 변하기 위해서 거쳐야 하는 단계를 한 만 단계 정도로 나누면 어떻게 될까? 알코올 농도 13%인 포도주는 각 단계 당 차이가 0.0013%가 된다. 어디선가 우연히 보이지 않는 미세한 포도즙 한 방울이(혹은 먼지 정도의 아주 작은 마른 포도 껍질이) 허공을 떠돌다가 떨어진다거나, 혹은 물 안에 있는 미세한 원소들이 결합하여 아주아주 적은 양의 알코올 성분이 우연히 생겨나는 일은 아주아주 드물기는 하겠지만, 완전히 불가능한 일은 아닐 것이다. 여전히 미심쩍다고 여겨지면, 십만 단계나 백만 단계나 천만 단계로 무한 분할을 확장해 보면, 미심쩍음이 훨씬 누그러들면서 더욱 있음직한 일이 되고 만다. 아주 오랜 시간만 주어진다면, 무한 분할을 통해서 만들어진 (있음직하지 않지만, 완전 불가능하지는 않은) 단계들을 거치면서 물이 포도주로 바뀌는 것이 가능해진다. '물이 포도주로 변했다. 우리는 단지 그 방법을 모를 뿐이다.'

동화에 나오는 한 장면이다. 개구리에게 키스하자, 개구리가 왕자로 변했다. 이는 기적이다. 과학적으로 있을 수 없는 일이다. 동화는 늘 비과학적이고 신화적인 사건들로 북적인다. 물론 아이들처럼 철모르고 어리숙한 정신만이 그런 미신 같은 얘기에 환호할 것이다.

도킨스의 논법을 가지고 개구리와 왕자 사이의 진화를 설명하는 것이 가능할까? 도킨스 방식대로 둘 사이의 차이를 무한 분할해 보자. 우리가 익히 해보았던 대로 처음에는 불가능해 보여도 무한 분할을 확장하다 보면, 있음직하지는 않으나 불가능하지는 않은 단계들에 도달하게 된다. 여기서부터는 아주 충분히 오랜 시간이 주어진다면, 개구리가 왕자로 변하는 것이 과학적으로(?) 가능하게 된다. 그러고 보니 진화론은 이미 양서류(개구리)가 파충류를 거쳐서 포유류(인간)로 진화했다고 믿고 있지 않은가! 양서류인 개구리와 포유류인 인간은 진화론에 의해 이미 그 진화가 가능했음을 인정받았다. 그렇다면 개구리 왕자 얘기는, 진화론의 믿음에 충실한 과학적인(?) 동화이다. 다만 '오랜 시간'을 '키스'라는 단어로 바꾸었을 뿐이다. 그 정도의 문학적 상상력 때문에 그 동화가 비과학적이고 신화적이라고 단정해 버린다면 너무 심한 처사이지 않을까?

도킨스의 사기(무한 분할의 오류)

"생명의 가장 큰 미스터리는 생명의 복잡성(정보/유전자)이 어디서 기원했는가의 여부라고 생각합니다. 생명체는 복잡하기만 한 게 아니라 작동을 하고 생존을 합니다. 그들은 생존을 위해 능력껏 무엇이든 할 수가 있습니다. 마치 생존을 위해서 설계된 기계처럼 보입니다.

그와 같은 복잡성이 우연히 만들어졌다는 것은 상상도 할 수 없는 일입니다. 새처럼 복잡하고 잘 설계된 것이 우연히 만들어졌다는 것은 말도 안 되는 일입니다. 한 번 우연으로 일어났을 수는 없지만 아주 약간의 행운이 한 세대에서 일어나고 다음 세대에서도 일어나고, 계속 반복되면서 하나하나 쌓이기만 한다면, 어떠한 수준의 복잡함이라도 도달할 수가 있습니다. 필요한 것은 충분한 시간뿐입니다."

행운(우연)이 반복된다면, 그게 과연 우연일까? 한두 번 행운이 일어났다고 해서 계속적으로 행운이 일어날 것이라 가정하는 게 과연 과학적일까? 복권 당첨이라는 행운이 계속되면, 사람들은 그걸 조작(의도/설계)이라고 본다. 그게 합리적이다. 이런 식의 도킨스 논법에 따르자면 시험에서 100점 받은 학생과 0점 받은 학생의 실력은 같은 것이 된다. 그 논리적 이유는 이렇다. 0점과 1점은 언제든 뒤바뀔 수 있는 비슷한 수준(우연적/무작위적)이기에 같다고 볼 수 있다. 0점 받은 학생이 1점 받을 수 있다는 것은 그리 불가능한 일이 아니다. 1점과 2점 역시 비슷한 수준(우연적/무작위적)이기에 언제든 우연히 바뀔 수 있다. 2점과 3점 역시 그렇고, 3점과 4점 역시 그렇다. 이런 식으로 하나하나 쌓이기만 하면(진화라는 공이 구르기만 하면) 결국 99점과 100점에 이르게 된다. 결국 0점에서 100점까지의 실력이 모두 비슷하다(언제든 뒤바뀔 수 있을 정도로 우연적이고 무작위적이라)고 볼 수 있게 된다.

이를 세분화하면 증거 능력은 더 커지는 듯이 느껴진다. 수천 혹은 수십만 단계로 세분하면 세분할수록 0점과 100점은 언제든 우연히 바뀔 수 있다는 논증은 더욱 설득력을 갖는 것처럼 보인다. 과학적으로 확실하다는 착각(믿음?)을 가져다 줄 만큼 말이다. 100점과 99.99999점은 같다고 할 수 있다. 누가 보더라도 있음직한 일이지 않은가? 마찬가지로 99.99999점과 99.99998점도 같다고 가정할 수 있다. 이런 가정들이 누적되어 내려오다 보면 100점과 0점은 같다고 할 수 있다는 결론에 이르게 된다. 훨씬 더 설득력 있어 보이게 되지 않았는가?

만일 소수점 100만 자리까지 분할해서 비교한다면 더욱더 그럴듯하게 믿어질 수밖에 없을 것이다. 절대로 일어날 수 없는 불가능한 일도 그 차이를 무한 분할해 들어가면 모든 게 가능해진다. 아무리 큰 차이도 무한 분할해 놓고 보면, 아주 작은 차이 혹은 거의 같은 것으로 보이는 정도까지 차이를 줄일 수 있다. 육상 선수 우사인 볼트가 세운 100미터 달리기 세계 신기록은 9.58초이다. 이 세계 신기록이 갱신될 수 있을까? 육상 선수가 0.1초를 줄이는 것은 쉽지 않지만, 0.000000001초를 줄이는 것은 가능해 보인다. 여러 번 달리다 보면 우연히 0.000000001초가 줄어드는 경우가 있을 것이다. 또 다시 여러 번 달리다 보면 그 다음 0.000000001초가 줄어드는 경우가 있을 것이다. 아주 드물지만 말이다. 한번 발생한 일이 그 다음에 또 발생하기는 쉽다. 일단 진화의 공이 구르기 시작하면 된다. 그렇게 줄여 나가다 보면 언젠가는 100m를 9초 안에 달리는 것이 가능해질 것이다. 그 다음에는 역시 같은 식으로 8초가 가능해질 것이다. 우리에게 필요한 것은 여러 번 달릴 수 있을 만한 충분한 시간뿐이다. 그 다음에는 7초도, 6초도… 마침내 0초 안에 달리는 것도 가능해질 것이다. 아직도 미심쩍은가? 그렇다면 좀 더 가능하게 만들어 보자. 0.00000000000000000000000000000001초씩 줄이는 것은 더욱 가능해 보이지 않겠는가? 아주아주 오랜 시간(단계의 무한 분할)만 있으면 된다. 100m를 0초에 달리는 것도 가능해진다. 그냥 더욱더 많은 시간만 있으면 되는 것이다. 정말 대단한 논증 아닌가?

아메바(또는 원시 세포)가 인간이 되는 것은 0점과 100점의 실력 차이와는 비교할 수 없을(비교 불가능한) 정도로 큰 차이다. 그러나 아메바와 인간 사이의 엄청난 차이를 무한 단계로 분할해서 각 단계 사이의 차이를 모두 우연적이며 무작위적인 방식에 의해 변화될 수 있는 것으로 가정하는 순간, 둘은 같다(아메바가 인간으로 진화할 수 있다)는 착각(믿음?)에 빠지게 된다. 하룻밤 사이에 곰이 변하여(진화해서) 고래가 되었다고 하면 정신 나간 소리로 들리겠지만, 곰과 고래 사이의 차이를 무한 분할해 놓고 보면(수십만 년, 수백만 년, 수천만 년, 수억 년 정도의 단계로 세분화하면) 곰이 고래로 변했다(진화했다)는 것이 매우 있음직한 일임이 과학적으로 논리적으로 입증되었다는 착각에 빠지게 된다.

우리는 이와 유사한 논법을 익히 잘 알고 있다. 바로 제논의 '날아가는 화살 논법'이다.

1. 운동하고 있는 물체가 어떤 거리를 통과하기 위해서는 그 거리의 반을 통과해야 한다.
2. 그 거리의 반을 통과하기 위해서는 우선 그 거리의 반의 반을 먼저 통과해야 하고, 그 거리의 반의 반을 통과하기 위해서는 역시 그 거리의 반의 반의 반을 먼저 통과해야 한다.
3. 그런데 통과해야 할 거리의 반은 무한히 쪼갤 수 있으므로 무한한 개수의 반을 통과해야 한다. 주어진 거리를 통과하기 위해서는 무한히 쪼개진 거리의 반을 통과해야 하는데, 무한을 통과할 수는 없다.

이를 현실에 적용하면, 날아가는 화살은 결코 과녁에 도달할 수 없다. 화살과 과녁 사이에는 무한한 반이 존재하기 때문이다. 처음 거리의 반, 남은 거리의 반, 또 남은 거리의 반... 계속 남은 거리의 반에 도달하느라 화살은 결코 과녁에 도달할 수 없다는 것이다.

무한한 중간은 무한하지 않다. 거리의 반이라는 것이 어차피 처음 정해진 거리(유한한 거리) 안에 있기 때문이다. 그러므로 화살은 과녁에 도달한다. 실험해 보면 안다. 도킨스의 가슴을 향해 화살을 쏘아 보라. 과연 맞나, 안 맞나?

화살은 멈추지 않고 움직인다. 거리의 반에 도달하는 순간, 이미 화살은 반을 통과하였기에 반은 사라졌다. 반에 도달하는 순간 이미 반을 지나

버렸기에 그 다음에는 목적지에 도달한다. 무한 분할을 통해 유한을 무한으로, 운동을 정지로 슬쩍 대치함으로써 엉뚱한 결론을 도출한 것이다.

도킨스는 제논의 방식을 이용했다. 도킨스는 무한 분할을 통해서 1점이 100점인(아메바가 인간인) 것처럼 속이고, 제논은 무한 분할을 통해 유한을 무한인 것처럼 속였다는 점에서 도킨스와 제논의 논법은 아주 유사하다.

"불가능한 것이 무한 분할하면 가능해진다(도킨스의 논법). 가능한 것이 무한 분할하면 불가능해진다(제논의 논법)."

이것은 착각이고 사기이다. 도킨스가 무지했던 것일까, 아니면 교활했던 것일까?

'우연'이라는 마술사

1부터 100까지 적힌 카드를 하나씩 꺼내서 1부터 100까지 순서대로 뽑는 게 가능할까? 논리적으로는 불가능하지 않다. 어차피 어떤 수가 뽑힐 것이고 그게 순서대로여서는 안 된다는 논리적인 법칙은 없으니까. 하지만 현실적으로는 불가능하다고 본다. 이것을 불개연성이지 불가능성은 아니라고 우기지는 말라.

임의의 숫자가 나오는 것과 1씩 증가되는 숫자가 나오는 것은 다른 차원이다. 그것은 단지 숫자를 뽑은 것이 아니라, 순서대로라는 규칙을 만드는 것이기 때문이다. 즉 임의적인 선택과 규칙을 따르는(만드는) 선택은 질적으로 다르다.

후자는 의지, 의도, 목적(임의적이지 않음)이라는 것에 의해 주도되어야 하기 때문이다. 눈먼 시계공이 보지 못한다고 해서 의지, 의도, 목적을 갖지 못하는 것은 아니다. 눈이 멀었더라도 의도를 품을 수 있다. 그런 경우 비록 실행 과정에서 실수를 많이 할 것이겠으나, 분명 그도 시계를 만들려는 의도와 의지와 목적을 가진 존재 즉, 규칙과 질서를 품고 이를 실제로 실행하여 만드는 창조자가 된다.

시계 부품을 해체해서 큰 통에 집어넣고 무작정 흔들고 돌리는 사람과 눈이 멀었을지라도 부품을 제자리에 맞추어 넣으려는 사람과는 질적으로 다른 차원에 있다. 전자는 우연(무작위)이고 후자는 지성(의도)이다. 전자는 아무리 오랜 시간이 주어져도 결코 시계를 맞추지(규칙과 기능을 만들지) 못할 것이다. 어쩌다 우연히 한두 부품이 맞추어지는 경우도 있을지 모르나 그 다음에도 순서대로, 규칙대로 부품이 조립되지는 않는다. 한 번 우연히 부품이 맞추어졌다고 해서 다음 단계가 우연히 맞추어질 확률이 높아지는 게 아니다. 게다가 우연히 맞추어진 것은 언제든 우연히 어긋날 수가 있다. 도루묵이 되는 셈이다. 간신히 어렵사리 확보한 질서가 도루묵이 되는 것을 막으려는 의지와 시도가 없는 한, 우연은 질서를 만들어 갈 수가 없다.

그 이유는 이렇다. 1부터 100까지의 수를 뽑는 실험에서도 수십억 년 하다 보면 2 다음에 3이 뽑히고, 89 다음에 90이 뽑히고, 11 다음에 12, 13, 14가 뽑히는 경우(부분적 질서/의도 없는 우연)가 나타날 수 있겠지만, 그것을 근거로 수십억, 수백억 년이라는 시간(무한한 시도)만 주어진다면 1부터 100까지 순서대로 숫자가 뽑힐 수 있다고 우겨도 되는 것은 아니다. 우연히 무작위적으로 어떤 수가 뽑히는 데는 논리적으로 하자가 없다. 그러나 논리가 현실인 것은 아니다.

그것에 '전체가 순서대로'라는 질서와 규칙이 담기는 경우에는 의도와 목적이 개입되지 않는 한, 현실적으로(경험적으로/과학적으로) 불가능하다. 너무나 확률이 작기에 실현 가능성이 없다. 즉 전체적 질서와 규칙을 가진 것들은 우연 발생을 의미하는 게 아니라, 의도와 목적이 있음을 의미하기 때문이다(전체적 질서와 규칙=의도/계획을 반영). 우리가 살고 있는 세상에서 경험한 바 중에 의도와 계획 없이 질서와 규칙이 만들어지는 예는 없다. 백화점에 가 봐라. 그 많은 상품(질서와 규칙이 담긴 것)들 중에 의도와 계획 없이 오랜 시간만 흐르면서 우연히 저절로 만들어진 것이 하나라도 있는가?

실험해 보면 된다. 36억 명의 인류가 1년 동안 주사위를 던져 보는 것이다. 게 중 한 명 정도는 123456 123456… 의 순서대로 계속 나오는 경우가 있을까? 확률은 실현 가능성을 알아보기 위한 도구이다.

"6면체 주사위를 100번 굴렸더니 그 결과 4-3-5-4-6-2-1-4-3-2-1-6 ~ 같은 배열이 나왔다. 이런 결과가 나올 수 있는 확률은 $\frac{1}{6^{100}}$이나 되는데, 이런 사건이 이미 발생했음을 우리는 관찰한다. 따라서 같은 확률의 숫자 배열인 1-2-3-4-5-6-1-2-3-4-5-6-1 ~ 과 같은 결과도 반드시 발생할 수 있다. 문제는 6^{100}번을 던질 수 있는 시간이 필요할 뿐이다."

이 확률 논증에는 교묘한 언어적 속임수가 숨어 있다. 흔히 진화를 주장함에 있어서 그러하듯이 말이다. 진화를 증명해야 함에도 이미 언어적으로 진화를 전제하고 설명하려는 시도 말이다. 발생할 수 있는 정도를 입증해야 하는데, 이미 발생한 것으로 슬쩍 가정(전제)해 버린다. 이미 발생한 것은 확률로 말하자면 $\frac{1}{6^{100}}$ 이 아니라, 1이다. 확률은 발생하지 않은 사건에 대한 발생 가능성을 평가하는 도구이지, 이미 발생한 것을 가지고 평가하는 도구가 아니다.

그렇기 때문에 제대로 된 논리 전개를 하려면 이렇게 진행되어야 한다.

"6면체 주사위를 100번 굴렸더니 그 결과 4-3-5-4-6-2-1-4-3-2-1-6 ~ 과 같은 배열이 나왔는데, 이 배열이 다시 나오는 게 얼마나 가능할까? 확률이 $\frac{1}{6^{100}}$ 이니까 가능성이 없다고 보는 게 맞겠지."

언어적 속임수뿐만이 아니다. 심각한 오류도 담고 있다. 6면체 주사위를 100번 굴렸더니 그 결과 4-3-5-4-6-2-1-4-3-2-1-6 ~ 같은 배열이 나왔다. 이런 결과가 나올 수 있는 확률은 $\frac{1}{6^{100}}$ 이 아니라, 99.9999~% 이다. 왜냐하면 4-3-5-4-6-2-1-4-3-2-1-6 ~ 같은 배열이란 말은, 어떤 무작위적인 숫자 배열 즉 정보가 담겨 있지 않은 배열(1-2-3-4-5-6-1-2-3-4-5-6 ~이 아닌 배열)을 의미하는 것이기 때문이다. 추정하는 결과는 4-3-5-4-6-2-1-4-3 ~ 이어도 좋고, 3-1-5-3-2-4-3-3-1 ~ 이어도 좋고, 그 외에 어떤 식으로든 질서 정연하지 않은 배열이 나오면 된다. 좀 더 정확히 한정지어서 표현하자면 1-2-3-4-5-6-1-2-3-4-5-6 ~ 이 나오는 경우를 제외한 모든 경우들을 가정하는 것이라는 말이다. 그러니 그 확률은 이렇게 계산해야 한다.

$1 - \frac{1}{6^{100}}$ => 99.999~ % 이다.

1부터 1,000,000까지 순서대로 숫자가 뽑히는 것은 현실적으로 불가능하다는 사실은 쉽게 안다. 그러나 여러 번 하다 보면 일부는 순서대로 뽑을 수 있지 않은가? 즉 부분으로 분할해서 보면 순서대로 뽑히는 경우들(789 다음에 790, 53 다음에 54식으로)이 나올 수 있다. 그러나 과연 이런 경우들을 근거로 하여 1부터 1,000,000까지를 우연히 순서대로 뽑을 수 있음을 입증하는 과학적 증거를 찾았다고 주장하는 것이 과연 논리적이고 과학적인 논증인가? 핀치 새의 부리 모양 변화(변이)가 핀치 새 부리가 사람 입술로 변화(진화)함을 보장하는 게 아니다. 그런 일이 벌어졌다면 그것은 자연적이 아니라 초자연적(기적)이다. 과학은 어디서도 그런 일의 발생을 관찰한 적이 없다.

우연과 법칙에 의한 진화라구?

우연이 진화를 가능하게 하는가? 우연은 정보(질서의 집적)를 창조하는가? 복잡하기 그지없는 유전자의 진화에 대해서 얘기할 필요도 없다. 아주 간단한 집의 진화에 대해서 생각해 보자. 집은 벽돌이 질서 있게 결합해서 만들어진다. 생명체를 구성하는 단백질이 아미노산의 결합에 의해 만들어지듯이 말이다.

벽돌이 일정한 방식으로 쌓여서 집이 되는 과정을 세분화해 보자. 하나의 벽돌이 놓이면, 그 위에 또 다른 벽돌이 놓이고, 그 위에 또 다른 벽돌이 놓이는 방식으로 집은 조금씩 조금씩 진화(우연에 의한 질서 집적)해 갈 수 있다. 물론 우연히 발생하는 자연 운동(지진, 태풍, 물질의 역동)에 의해서 말이다.

정말 우연에 의해 집을 구성하는 벽이 순식간에 만들어지는 것은 불가능하지만, 우연에 의해 벽돌이 하나씩 하나씩 쌓이는 것은 드물지만 아주 불가능한 일은 아니다. 일단 한 번 그런 일이 발생하기만 하면 그 다음에는 좀 더 쉽게 발생하게 된다. 진화의 흐름에 의해서 말이다. 정말 그럴까?

우연에 의해 하나의 벽돌이 다른 벽돌 위에 질서 있게 쌓이는 일은 드물겠지만 가능할 수도 있다. 아주 오랜 시간 동안 하다 보면 말이다. 그 다음 벽돌이 쌓이는 것 역시 아주 오랜 시간만 주어진다면 역시 가능한 일이라 할 수 있다. 그 다음 벽돌 역시 아주아주 오랜 시간이 주어진다면 그 위에 벽이 될 수 있게끔 질서 있게 놓이는 일이 발생할 수도 있다고 하겠다.

그런데 문제는 하나의 벽돌이 놓이고 그 다음 벽돌이 놓이게 되는 아주아주 오랜 시간 동안 그 이전에 놓인 벽돌이 그대로 보존되지 않는다는 것이다. 우연에 의해 만들어진 아주아주 작은 질서는 우연에 의해 언제든 아주아주 쉽사리 망가질 수 있기 때문이다. 엔트로피의 법칙이다. 의도(에너지)가 개입(투입)하지 않으면 망가지게 되어 있다.

어떤 의도를 가진 에너지가 질서를 지탱하려고 애쓰지 않는 한, 우연에 의해 만들어진 아주 작은 질서는 그 다음에 필요한 아주 작은 질서가 쌓이기를 기다리고 있는 동안, 무차별적으로 일어나고 있는, 바로 전 단계 질서를 우연히 만들어 냈던 무작위적인 운동들에 의해 언제든지 수시로 파괴되는 상황에 놓이게 된다.

우연은 아무 것도 보장해 주지 않는다. 우연이란 것은 보존보다는 오히려 파괴 쪽으로 더 능숙하게 작용한다. 우연은, 한 단계 진전한 후 다음 단계로 진전할 수 있을 때까지, 이전 단계를 보존해 줄 능력이 없다. 오히려 우연에 의해 가까스로 만들어진 질서는 매순간 우연에 의해 무효화되는 위험에 빈번하게 시달린다. 우연히 생겼기에 당연히 우연히 없어지는 것이다. 그게 우연의 실체다.

실험을 해보면 안다. 아이들이 가지고 노는 블록 장난감이 있다. 물리학적으로 비유하자면 물질을 구성하는 원자에 해당하는 블록들을 다양하게 결합시킴으로써 차, 집, 사람 등을 만들 수가 있다. 일종의 진화(창조)가 이루어지는 것이다. 지성(설계, 의도)을 가진 사람이 의지를 가지고 결합할 때는 이미 결합된 블록의 질서 상태를 유지시킨다. 그래야만 다음 단계로 이어져서 마침내는 차나 집이나 사람이 될 수 있기 때문이다.

지성(설계, 의도)이 없는 우연은 어떨까? 블록들을 통에 집어넣고 무작위적인 운동을 가해 보자. 계속 움직여 주다 보면, 우연에 의해 블록 하나가 다른 블록과 엉성하게나마 결합하는 일이 벌어진다. 그런데 문제는 그렇게 결합한 블록이, 계속되는 운동에 의해 좌충우돌하다 보면, 우연에 의해 튕겨나가면서 다시 분해되고 만다. 우연에 의해 결합되었다가 우연에 의해 분해되는 일들이 계속 반복될 뿐이다. 질서의 집적이 불가능한 것이다.

우연은 질서를 집적(정보화)하지 못한다. 철광석 광산에서 용암에 철광석이 우연히 녹아서 오랜 시간을 거쳐 정교한 나사가 우연히 만들어졌다는 진화론적 가정을 해 보자. 그 만들어지는 과정을 백 단계 정도 있다고 생각해 보자. 그 과정은 성공할 수가 없다. 나사가 우연에 의해 만들어지기 위한 첫 번째 단계가 아주 어렵사리, 오랜 시간 동안의 헛발질(무작위적 운동)을 걸쳐 우연히 성공하더라도 두 번째 단계가 성공하기까지 오랜 시간 동안 벌어지는 무작위적인 운동 하에서 첫 번째 단계는 아주 쉽사리 우연에 의해 파괴되기 때문이다. 우연이 만든 질서는 우연이 파괴한다.

수학적으로 따져 보자. 무작위 운동에 의해 우연히 질서가 하나 만들어졌다고 하자. 이 질서 하나가 우연히 만들어질 확률은 무진장 작다. 이후 오랜 시간 동안 무작위 운동이 계속 일어난다면, 과연 질서가 우연히 만들어지면서 계속 집적될(진화할) 수가 있을까? 질서를 만든 운동을 멈추지 않으면, 그 운동은 언제든지 파괴 운동이 될 수 있다. 무작위적 운동에 의해 우연히 만들어진 질서가 유지될 수 있도록 아무도 보장하지 않기 때문이다. 무작위적인 운동(지성/설계와 의도가 결여된 자연 선택) 하에서 만들어진 질서가 온전하게 유지되면서 우연히 만들어진 새 질서가 집적되어서 정보(질서의 집합/유기적 조직체 혹은 기계)가 될 수 있는 가능성(확률)은 점점 줄어든다. 무작위적 운동은 질서를 만드는 경우보다 파괴하는 경우가 훨씬 더 많기 때문이다.

〈수학적 논증〉

전제 : 무작위적 운동은 항상 일어나고 있다. 그것에 의해 질서가 만들어질 수 있는 확률은 매우 작지만, 일단 질서가 만들어진다고 가정하고 확률 계산에서 배제한다. 진화론에 유리하도록 말이다.

구간은 한 질서가 생기고 다음 질서가 생길 때까지 유지되는 시간의 단위이다. 질서가 무작위적인 운동에 의해 유지될 확률과 파괴될 확률을 반반으로 본다.

구간 1 : 첫 질서 유지
구간 2 : 첫 질서 유지 + 둘째 질서 유지

n 번째 질서가 생겼을 때(구간 n), 질서가 모두 집적될 확률은 다음과 같다.

$$\frac{1}{2} \times \frac{1}{2^2} \times \frac{1}{2^3} \times \frac{1}{2^4} \times \frac{1}{2^5} \cdots \frac{1}{2^n} = \frac{1}{2^{\frac{(1+n)n}{2}}}$$

(단, n 은 집적된 질서의 개수이기도 하다)

$$\lim_{n \to \infty} \frac{1}{2^{\frac{(1+n)n}{2}}} = 0$$

이전에 우연히 만들어진 질서는 우연(무작위 운동)에 의해 언제든지 파괴될 수가 있다. 정보가 복잡할수록 즉 질서의 단계가 많을수록, 질서를 만들기 위한 무작위적인 운동이 많을수록(시간이 오래될수록) 질서가 집적될 수 있는 확률은 0으로 수렴한다. 시간의 단위는 무한 분할이 가능하다. 소립자의 운동은 무한 분할이 가능하다. 진화를 가능하게 해줄 것이라 기대되는 '경우의 수'(시간 단위/운동 횟수)의 무한을 향한 증가는 도리어 진화를 더욱더 불가능하게 만들어 버린다.

무작위적 운동에 의한 질서의 집적은 불가능하다. 우연에 의해 발생하는 운동이 지성의 의도에 따라 미세 조정되지 않으면 기존 질서가 파괴될 가능성이 무한으로 더 높아지기 때문이다. 우리가 눈으로 관찰하고 경험하는 사실들이 그렇다. 만일 운동이 이미 만들어진 질서를 파괴하지 않도록 세밀하게 조정된다면, 그것은 더 이상 우연이 아니다. 지성(의도)이다.

법칙이란 무엇인가? 법칙이 단순히 인간의 관찰에 의해 파악된 경험의 규칙성에 머무는 한, 법칙으로서의 필연성은 보장되지 않는다. 오늘까지 해가 동쪽에서 떴다고 하는 사실이 내일도 해가 반드시 동쪽에서 뜰 것임을 필연적으로 보장하지는 못한다. 그저 경험적 반복일 뿐이다. 그 반복이 끝나는 순간이 언제 닥칠지 아무도 모른다. 그러므로 법칙의 필연성은 그 법칙을 유지하려는 의도가 개입되어야만 성립할 수 있다.

인간이 인지한 법칙은 흄이 파악한 대로 인간의 편견(해석)에 불과할 뿐이다. 인간이 임의로 자기가 반복했던 경험들을 연결 지어서 법칙(인과율)으로 규정했을 뿐이다. 그 경험이 법칙으로서 필연적이 되기 위해서는 그 반복 경험이 반드시 계속 반복되도록 하는 전능한 의도가 개입되어야만 한다. 그 전능한 의도가 보장해 주지 않는 한, 법칙의 필연성은 허무맹랑한 믿음이 되고 만다.

아침이면 주인이 가져다주는 모이를 먹는 닭에게, 아침과 주인과 모이는 반복되는 경험으로서 법칙이다. 닭은 아침이 되면 꼬끼오 울고 주인이 나타날 것이며 모이가 주어질 것을 예측한다. 경험에 대한 관찰을 통해 규칙성을 발견한 것이다. 여러 번의 반복적 실험과 관찰을 통해 그 법칙의 타당성은 입증되었다.

과연 그 법칙의 필연성은 얼마나 보장될 수 있을까? 닭의 입장에서는 우연에 의해서 만들어진 그 법칙이 자기의 삶을 만들어 가고 있다고 믿을 수도 있다. 하지만 그 법칙은 닭이 믿는 우연이 아니라, 닭이 믿지 않는 주인의 의도에 의해 유지되는 것이다. 주인의 의도가 개입되지 않는 순간 닭이 믿고 있던 그 법칙은 허무맹랑한 믿음이 되고 만다. 어느 연말 아침 닭은 주인이 주는 모이가 아니라, 주인의 칼에 의해 길지 않은 생을 마감했다.

유전자 풀(유전적 항상성)

1811년 프랑스의 한 화학자가 사탕무에서 소량의 설탕을 추출해 냈다. 나폴레옹은 많은 설탕을 뽑아낼 수 있는 신품종 개발 사업을 진행시켰다. 평균 4%의 설탕을 함유했던 사탕무가 품종 개량으로 5%, 10%, 15%로 설탕 함량이 높아졌다. 그러나 평균 17%의 함량에 도달하자 더 이상 증가하지 않았다. 고 함량의 품종끼리 교배를 거듭할수록 함량이 도리어 낮아지는 현상이 나타났다. 품종 개량이 넘을 수 없는 벽(유전자의 한계)이 있었던 것이다.

초파리를 이용한 실험에서도 같은 현상이 나타났다. 초파리 몸에 나 있는 털의 수를 바꾸거나 날개의 크기를 달리 만들어 보는 실험이었다. 초파리가 다른 종으로 변화(진화)하는 게 과연 가능한지를 관찰하기 위한 것이었다.

에른스트 마이어는 초파리를 두 그룹으로 나누었다. 초파리는 평균 36개의 털을 갖고 있었다. 첫 번째 그룹은 36개 이하의 털을 가진 초파리들을 선택했다. 30세대 동안 번식시킨 결과 그들의 후손이 가지는 털의 수를 평균 25개로 줄일 수 있었다. 그런데 30세대가 넘어가자 털이 적은 초파리들은 불임이 되어 맥이 끊겼다.

두 번째 그룹은 평균보다 많은 털을 가진 초파리를 선택했다. 20세대가 지난 후에 털 수가 평균 56개로 늘었지만, 또 다시 대부분 불임이 되고 말았다. 한 종에서 나타날 수 있는 유전적 변이에는 한계가 있었던 것이다. 이를 '유전적 항상성' 또는 '유전자 풀'이라 한다. 작은 변이를 누적시켜서 종의 변화를 가져올 수가 없음이 드러난 것이다.

다윈이 관찰했던 핀치 새의 부리 변이는 핀치 새를 다른 종으로 바꾼 게 아니었다. 핀치 새의 진화(대진화)는 없었다. 다윈이 관찰했던, 그래서 진화론이라는 종교를 가능하게 했던 '핀치 새의 변이'는 아메바로부터 다양한 종이 생겨났다는 진화론의 믿음을 입증해 주는 증거가 아니었다. 핀치 새의 부리가 아무리 길게 짧게 굵게 가늘게 변한다 해도 새의 부리일 뿐, 결코 사람의 입술로 바뀌지는 않기 때문이다.

다윈 자신도 이런 법칙을 알고 있었다. 그래서 자기 입으로 말했다. "우유를 많이 생산하면서 살도 잘 찌는 소를 얻기는 어렵다. 양배추는, 풍성하고 영양가 있는 잎사귀와 함께 기름을 짤 수 있는 많은 씨앗을 동시에 제공해 주지를 않는다." 유전적으로 한계가 있다는 말이다. 하지만 다윈은 이런 유전자의 법칙이 야생 상태에 있는 종에게는 해당되지 않을 것이라는 근거 없는 상상(믿음)을 선택하기로 마음먹었던 것 같다.

자연 법칙이 가축에게는 적용되지만, 야생 동물에게는 적용되지 않을 것이다? 알 수는 없지만, 뭔가 가능할 것이다? 이런 다윈식의 믿음은 이후 다윈의 추종자들에게 그대로 전염되었다. 그들은 다윈식의 믿음에 아주 익숙하다. "알 수 없는 어떤 조건 하에서 가능했을 것이다." "진화는 했다. 단지 그 방법을 모를 뿐이다." 진화를 직접 관찰하지도 못했고, 그 방법도 모르는데, 어떻게 진화했다고 과학적으로 장담할 수 있는지 그 믿음이 놀라울 뿐이다.

연역과 귀납에 근거한, 도킨스 논법 분석

연역법에 의거해서 도킨스 논법을 분석해 보자. 아메바와 인간 사이를 무한 분할해 보자. 그런다고 해서 아메바가 인간이라는 결론을 내주지는 않는다. 연역법에 의하면 항상 결론은 전제에 포함되어 있어야만 하기 때문이다.

인간은 죽는다 -> 나는 죽는다

'나는 인간이다'라는 중간 단계가 주어지면 '나는 죽는다'는 결론은 연역적으로 입증된다. 인간이란 존재 속에는 나라는 존재가 포함되기 때문이다.

인간은 죽는다 -> 나는 인간이다 -> 나는 죽는다
배아 -> 인간

둘 사이에 '태아'라는 단계를 집어넣어도 배아가 인간이 된다는 결론에 도달할 수 있다. 왜냐하면 배아의 유전자에는 태아와 인간의 유전자가 포함되어 있기 때문이다. 태아, 유아, 아동, 청소년, 장년에 이르기까지 성장의 모든 과정이 배아의 유전자에 다 들어 있다. 그래서 인간의 배아는 인간이 되고, 개의 배아는 개가 되는 것이다.

이를 도킨스의 논증에 적용해 보자.

아메바 -> 인간

둘 사이에 아무리 많은 단계(물고기, 개구리, 원숭이 등)를 분할해서 집어넣더라도 아메바가 인간이 되지는 않는다. 아메바의 유전자 속에는 인간의 유전자가 포함되어 있지 않기 때문이다. 이는 개와 사람 사이에 아무리 많은 단계를 분할해서 집어넣더라도 개가 인간이 되지 않는 것과 같은 이치이다. 개의 유전자와 사람의 유전자가 다르다는 것을 극복할 수가 없기 때문이다.

따라서 도킨스의 논법은 연역법에 의거한 논증이 될 수 없다. 만일 연역법에 의거해 입증하고자 하는 것이라면, 논리적인 오류를 범하고 있기에 '아메바에서 인간으로 된다'라는 논증은 거짓이 되고 만다.

그렇다면 귀납법에 의거해 도킨스 논법을 분석해 보자. 귀납법의 논지는 이렇다.

개가 죽는다   → 사실
참새가 죽는다   → 사실
할미꽃이 죽는다   → 사실
   ·
   ·
   ·
붕어가 죽는다   → 사실
그러므로 생물은 죽는다   → 사실(법칙)

귀납법은 수많은 사실들을 열거함으로써, 이 사실들의 종합을 통해 결론이라는 사실을 도출해 낸다. 그러므로 수집된 사실들이 많을수록 그 논증은 더욱더 설득력을 갖게 된다. 즉 사실에 가까워진다.

그렇다면 도킨스의 논법을 귀납법의 구조에 대입해 보면 어떻게 될까? 0점과 100점(만점) 사이의 논증을 예로 표기해 보자. (아메바와 인간 사이의 숱한 단계를 도식화한 것으로 보면 된다. 0은 아메바이고, 0.000000001은 아메바에서 인간 쪽으로 아주 조금 변이가 일어난 무수히 많은 중간 단계를 의미한다.)

0 (아메바) ≠ 100 (인간)		-> 사실
0 = 0.000000001		-> 가정
0.0000000001 = 0.0000000002		-> 가정
0.0000000002 = 0.0000000003		-> 가정
.		
.		
.		
99.9999999998 = 99.9999999999		-> 가정
99.9999999999 = 100		-> 가정
그러므로 0 (아메바) = 100 (인간)		-> 사실

있음직하다고 추정되는 것을 가정함으로써 그리고 그 가정들을 무수히 많이 열거함으로써 사실이라는 결론을 이끌어 내고 있다. 사실의 양이

증가하면 할수록, 결론이 사실이 될 가능성이 높아진다는 것이 귀납법의 핵심이다. 그러나 비록 귀납법의 형식을 취하더라도, 사실의 증가가 아니라 가정의 증가라면 얘기가 달라진다. 가정의 총량이 증가하면 증가할수록, 결론이 사실이 될 가능성은 오히려 더 멀어지기 때문이다. 단 한 번의 가정은 사실이 될 가능성이 (상대적으로) 높다. 그러나 그 가정이 자꾸 되풀이될수록, 사실이 될 가능성은 점점 더 멀어진다. 한번 복권에 당첨된다는 가정은 어렵지만 있을 수 있는 일이다. 그러나 수십 번을 계속해서 복권에 당첨된다는 가정은 점점 더 있을 수 없는 일로 되어간다.

도킨스의 논법은 더 많은 단계를(더 오랜 시간을) 가정하면 가정할수록 결론은 점점 더 사실에서 멀어지는 구조이다. 불가능에 가까워가는 것이다. 그럼에도 불구하고 그는 마치 그 가정이 많아질수록(분할하는 단계가 많아질수록) 사실에 가까워지는 것처럼 교묘하게 말을 꾸미고 있다. 심지어 단계가 충분히 많아서(오랜 시간이 지나서) 사실임이 입증된다고 주장하고 있는 것이다. 귀납법의 탈을 쓰고 있지만, 귀납법이 아니다. 오히려 귀납법적으로 봤을 때 거짓으로 가고 있는데도, 마치 사실로 가고 있는 것처럼 왜곡하고 있다. 일종의 사이비 귀납 논리인 셈이다. 논리학적 사기인 것이다. 논리학적 진실은 이렇다.

사실 + 사실 + 사실 + 사실 + 사실 + 사실 + 사실 + ~ = 사실(법칙)

사실이 늘어날수록 점점 더 사실(법칙)에 가까워진다.

가정 + 가정 + 가정 + 가정 + 가정 + 가정 + 가정 + ~ ≠ 사실

가정이 늘어날수록 점점 더 사실에서 멀어진다.

③ 진화라는 상상
 - 진화는 관찰의 결과가 아니라, 관찰의 전제로서 상상일 뿐이다.

　인류 조상으로 분류된 화석들이 가지고 있는 특성은 현대인에게서도 볼 수가 있다. 현대인들의 머리 모양과 크기가 인종에 따라 너무도 다양하기 때문이다. 현대인의 다양한 두개골을 쭉 늘어놓으면, 인류가 유인원으로부터 진화해 온 단계를 보여 줄 수도 있을 것이다. 동시에 인류 조상으로 분류된 화석들이 가지고 있는 특징을 원숭이에게서도 볼 수 있다. 원숭이들의 머리 모양과 크기도 너무나 다양하기 때문이다. 인류 조상임을 구분하는 기준인 해부학적 차이(비슷한 정도)라는 것이 임의적이라는 뜻이다. 유전자 정보가 늘어나는 진화가 있었던 게 아니라, 유전자 정보 내에서의 다양한 변이가 있었을 뿐이라는 말이다.
　'잃어버린 중간고리'라는 판정은 진화라는 상상에 근거한 주관적이고 임의적인 해석에 불과하다. 그 유인원들의 확실한 유전자를 충분히 확보할 수도 없기에, 조상인지 아닌지를 거론하는 것 자체가 사실은 말장난에 불과하다. 더구나 동일인의 것인지조차도 불분명한 인근의 뼛조각들을 조합해서 유인원의 모습과 생존 연대를 추정하다니….

도대체 정체불명의 유인원들의 뼈가 인간의 조상이라는(진화했다는) 증거는 무엇인가? 증거는 없다. 그냥 상상이다. 그 뼈의 주인들이 내 할아버지를 낳았다는 증거는 없다. 모든 진화 단계의 동물들도 마찬가지이다. 고래의 조상이 육지 동물이었다는 증거는 없다. 고래가 새끼를 낳는다는 것을 근거로 그렇게 상상하는 것뿐이다. "비슷한 특징이 있네... 조상 아니겠어...." 서로 비슷한 게 있다는 상상 외에는 아무런 증거가 없다.

시조새가 공룡과 조류의 중간고리라는 증거 역시 비슷함이다. 시조새가 공룡과 비슷한 특징을 갖고 있고 동시에 조류와 비슷한 특징을 갖고 있다는 것이다. 시조새도 새니까 조류와 몇 십 몇 백 배나 더 비슷하지만 말이다. 문제는 시조새가 갖고 있다는, 공룡과 비슷한 특징이라는 것을 현재 살고 있는 조류 중에서도 드물지만 갖고 있는 새들이 있다는 사실이다. 아무도 이 새를 보고 새의 조상이라고 하지 않는다. 그냥 특이한 특징을 가진 새일 뿐이다.

비슷함은 진화의 근거가 아니다. 분류의 기준일 뿐이다. 사람, 원숭이, 개, 말미잘, 소나무, 바위, 공기 등을 놓고 비슷한 것을 고르라고 한 후, 그 비슷한 것들은 서로 진화한 것이라고 말하면 되는 것인가? 어떤 항목을 함께 비교하느냐에 따라 비슷한 것 고르기(진화했다고 상상하기)라는 작업은 다양한 결과를 낳게 된다. 사람, 원숭이, 개 중에서 비슷한 것을 고르라면 사람과 원숭이를 고를 것이다. 사람, 개, 말미잘, 소나무 중에서 고르라면, 사람과 개를 고르지 않을까? 사람, 말미잘, 소나무, 바위 중에서 고르라면? 사람과 말미잘이 비슷하다고 할 것이다. 사람, 바위, 공기 중 비슷한 것을 고르라면 사람과 바위를 고를 것이다. 눈에 보인다는 점에서 비슷하니까. 혹은 바위와 공기를 고를 수도 있다. 무생물이니까. 어떤 것끼리 비교하느냐에 따라 비슷함의 기준이 수도 없이 달라진다. 정확한 사실은 비슷한 것 고르기를 통해서 진화의 증거를 확인하는 게 아니라, 분류의 기준이 다양함을 확인하게 될 뿐이다.

원숭이(유인원)와 사람이 비슷하니(직립) 원숭이가 사람의 조상이다. 개와 원숭이가 비슷하니(포유류) 개가 원숭이의 조상이다. 개구리와 개가 비슷하니(네 발) 개구리가 개의 조상이다. 붕어와 개구리가 비슷하니(척추) 붕어가 개구리의 조상이다. 말미잘과 붕어가 비슷하니(물속 생활) 말미잘이 붕어의 조상이다. 아메바와 말미잘이 비슷하니(생명) 아메바가 말미잘의 조상이다. 원시 수프와 아메바가 비슷하니(원소) 원시 수프가 아메바의 조상이다. 이게 제대로 된 입증이라고 생각하는가? 그냥 상상이다. 진화했다는 증거가 아니라, 진화했다는 믿음을 전제로 한 상상일 뿐이다. 진화의 증거는 없다. 입증되지 않는 상상만 있을 뿐이다.

만일 비슷함이 진화의 증거가 될 수 있다면, 마찬가지 논리로 우리는 해부학적인(?) 비교를 통해 숟가락이 포크의 조상임을 입증할 수가 있다. "생긴 게 비슷하잖아... 조상 아니겠어...." 숟가락이 오랜 시간 동안 조금씩 깎여서 포크로 진화했다. 그럴듯하지 않은가? 포크와 숟가락은 넓은 주둥이와 기다란 손잡이라는 비슷한 특징을 갖고 있음이 분명하기 때문이다. 아니다. 진화라는 개념의 핵심이 없던 것이 우연히 조금씩 저절로 생겨나는 것이니까, 포크가 숟가락으로 진화했다고 보는 게 더 나을지도 모르겠다.

오랜 시간 동안 조금씩 포크 날의 틈이 채워져서 우연히 저절로 숟가락으로 진화했다. 때때로 알 수 없는 자연적인 운동에 의해 포크가 땅에 떨어지거나 갑작스레 포크 날에 충격이 가해지면, 포크 날 끝이 휘어져서 서로 좀 더 가까워진 것을 어쩌다 발견하기도 한다. 이것이야말로 진화의 증거다. 이름하여 중간고리이다. 게다가 빼도 박도 못할 확실한 증거로서 중간고리도 있다. 포크겸숟가락의 발견이라니… 숟가락의 끝 부분이 포크처럼 갈라져 있는 것을 발굴한 것이다. 포크가 숟가락으로 오랜 시간에 걸쳐 서서히 진화했음이 과학적으로 입증되었다? 과연 그런가?

　다시 생각해 보니, 진화란 기능과 조직의 복잡성이 증가하는 것을 의미함으로 숟가락이 포크로 진화했다고 보는 게 더 맞을 것 같기도 하다. 숟가락의 둥근 선보다는 포크의 가지런하게 들쑥날쑥한 모양이 더 복잡해 보이지 않은가? 그렇다. 숟가락이 포크로 진화한 것이다. 오랜 시간 동안 조금씩 숟가락의 둥근 부분이 부서져 나가면서 포크로 진화했다. 때때로 알 수 없는 자연적인 운동에 의해 숟가락이 땅에 떨어지거나 갑작스레 숟가락에 충격이 가해지면, 숟가락 끝 부분이 깨지거나 갈라지는 것을 어쩌다 발견하기도 한다. 이것이야말로 진화의 증거다.

　그냥 상상일 뿐이다. 사실은 포크, 숟가락, 포크겸숟가락… 필요에 따라 종류 별로 인간(지성)이 만든 거다. 오랫동안 사용하다 보면 이런저런 이유로 인해서 숟가락과 포크가 구부러지거나 깨지거나 갈라지는 사고가 발생하기도 한다. 진화한 것이 아니라, 주어진 형태(유전자)내에서 변이한 것이다.

④ 과학과 진화론

과학이란

과학에 대한 얘기를 잠시 정리할 필요가 있겠다. 과학이 다루고 있는 것은 인간의 관찰과 경험의 영역이다. 그 경험의 세계에는 질서와 법칙이 있다. 그것을 탐구하는 것이 과학이다. 과학이 다루는 경험은 눈에 보이는 것, 다시 말해서 감각적 경험에 한정된다. 그 감각이라는 것도 인간의 감각에만 한정되는 것이다. 즉 인간이 가지고 있는 인간의 감각 기관(일종의 색안경)으로 본 경험에서만 의미가 있다는 뜻이다.

세상에 있는 모든 존재가 한결같이 똑같은 감각 기관을 갖고 있는 게 아니다. 그러니 인간의 **경험**에 근거한 과학적 지식은 인간에게만 참일 수밖에 없다. 다른 감각 기관을 가진 존재에게는 참이 아니다. 비유적으로 말하자면 개의 색깔(과학)과 인간의 색깔(과학)은 다를 수밖에 없다. 개와 인간의 감각 기관이 다르기 때문에 그렇다. 더 나아가서 인간의 감각으로 알 수 없는 것(감각을 넘어선 것/ 형이상학)에 대해서는 과학이 침묵할 수밖에 없다. 감각을 통해 경험할 수 없는 것에 대해 말하는 순간, 과학은 제자리를 잃고 정체성을 상실한다.

과학이 다루는 경험의 세계는 **반복적**이어야 한다. 과학은 경험 세계의 법칙을 탐구하기 때문이다. 법칙이 있다는 것은 그 경험이 일정한 인과율에 따라 되풀이 경험될 수 있음을 의미한다. 따라서 단 한 번의 경험은 과학의 대상이 될 수 없다. 법칙이라고 말할 만한 것을 발견할 수가 없기 때문이다. 반복 가능한 경험을 통해 어떤 원리와 법칙을 찾아내고 정리할 수 있을 때 비로소 과학적이라는 것이 가능해진다.

과학이 다루는 경험은 **계량화**가 가능한 것이어야 한다. 즉 수치로 환산하여 비교할 수 있어야 한다는 뜻이다. 따라서 문학 작품에 등장하는 사랑의 경험 같은 것은 과학의 대상이 아니다. 그 감정의 크기나 실재를 수치나 방정식으로 표시할 수가 없기 때문이다. 요즘 들어 심장 박동 수, 눈동자의 크기, 몸속 특정 호르몬의 양 등을 통해 수치화(계량화)해 보려는 시도도 있지만, 그렇게 제시된 수치들이 사랑이나 우울과 같은 인간의 감정을 본질적으로 보여 주지는 못한다.

과학이 다루는 경험에는 **동질성의 원리**가 적용된다. 여기서 동질성의 원리란, 갑돌이가 경험한 것은 바우도 경험할 수 있어야 한다는 것이다. 과학의 대상이 되는 경험은 모든 인간에게 똑같이 가능한 경험에만 한정된다. 예전에 TV에서 자전거(쇠)를 먹는 사람을 본 적이 있다. '세상에 이런 일이' 또는 '기인열전' 같은 종류의 프로그램이었던 것 같다. 쇠를 먹는다는 것은 그 프로그램에 등장한 특정한 사람 개인의 특수한 경험이다. 다른 인간들에게서는 가능한 경험이 아니다. 따라서 이 경우는 경험의 객관성이 보장되지 않으므로 '인간이 쇠를 먹는다'라는 것은 과학의 대상이 아니라, 역사(사실)이다. 과학은 그 사건에 대해 할 말이 없다. 그 사건이 과학적이지는 않지만, 그렇다고 거짓도 아니었다. 분명한 사실이었다. 즉 '어떤 사건이 과학적이지 않음 = 그 사건은 사실이 아님'이라는 등식이 항상 성립하는 것은 아니라는 말이다.

신과 우연

진화론자도 창조론자도 다 과학을 믿는다. 과학은 경험적 세계를 유지하고 있는 질서와 법칙에 대한 지식이기 때문이다. 진화론자는 그 질서와 법칙을 우연이 창조했다는 것이고 창조론자는 신이 창조했다는 것이다. 우연의 창조라는 말이 거슬리는가? 우연에 의해 만들어졌다, 신에 의해 만들어졌다고 하면 좀 더 편한가? 아니면 우연히 생겼다, 신이 만들었다고 하면 훨씬 더 편한가? 다 같은 얘기다. '그냥 생겼다'는 과학이고 '누군가 창조했다'는 비과학이라는 우스꽝스러운 언어적 편견 때문에 생겨나는 착각이다. 생긴 거나 창조나 같은 얘기고, 문제는 주체가 누구냐에 있다. 우연은 비지성적(저절로/무작위적 운동) 주체를 의미하고, 신은 지성적(설계/의도된 운동) 주체를 의미할 뿐이다. 우연은 주체가 아니라고? 그렇다면 신도 마찬가지다. 다만 우주의 생성에 관계된 뭐라 말할 수 없는 그 무엇을 우연, 신이라 명칭을 붙였을 뿐이다.

우연이 만들었음을 입증하는 과학적 증거, 그런 거는 애당초 있을 수가 없다. 신이 만들었음을 입증하는 과학적 증거도 역시 마찬가지로 있을 수가 없다. 왜냐하면 과학은 법칙을 만든 우연과 신을 입증할 수 있는 자리에 있지 않다. 질서와 법칙이 만들어진 이후에 과학(인간의 경험)이 성립하는 것이기 때문이다. 모든 것을 무(無)로 돌렸다가 다시 질서와 법칙이 생성되는 과정을 인간이 경험할 수는 없다. 무(無)가 되는 순간 인간도 없다. 질서와 법칙의 생성은 과학의 문제가 아니라, 종교(철학/형이상학)의 문제이다. 우연(무작위/비지성)이 만들었다고 믿을 거냐와 신(의도/지성)이 만들었다고 믿을 거냐의 선택과 결단의 문제이다. 왜? 경험적 반복이 불가능하기 때문이다. 우연에 의한 창조(진화/무작위)나 신에 의한 창조(설계/의도)나 인간이 다시 경험하는 것은 불가능하다. 그래서 과학이 입증할 내용이 아니다. 과학은 경험적 반복이 가능해야 한다. 과학은, 우연에 의한 것이든 신에 의한 것이든, 질서와 법칙이 창조된 이후부터 시작되는 것이다.

우연이 만들었다는 선택은 무한 시간을 필요로 한다. 무작위적인 선택이라는 것이 어떤 질서를 띠기는 무척 어렵기 때문이다. 원숭이가 마구잡이로 한 시간 동안 타자기를 두드려서 '애국가'라는 단어를 종이에 남긴다는 것이 가능할까? 아마도 대개는 글쎄 하면서 고개를 흔들 것이다. 그러나 한 시간이 아니라, 한 십년 동안 원숭이가 타자를 친다면 어떨까? 왠지 십년 동안 두드리다 보면 어쩌다가 '애국가'라는 단어를 칠 수도 있을지 모르겠다는 생각이 든다. 우연은 경우의 수를 무한히 늘림으로써 자신의 입장을 합리화하려 한다. 그래서 우연에 의한 진화에는 오랜 시간이 절실히 요구되는 것이다.

신이 만들었다는 선택은 전지전능을 필요로 한다. 의도(계획)된 설계에 의해 무엇을 만들려면 고도의 지능이 필요하다. 요즈음 가장 첨단장비라 여겨지는 우주선을 만드는 데도 엄청난 지적 능력이 요구된다. 하물며 최첨단 장비인 우주선에도 없는 자기 복제 기능까지 갖춘 초소형 정밀 장비인 세포와 더 나아가 온갖 첨단 장비(눈, 콩팥, 관절, 척추신경, 뇌 등)들로 장착된 인간이란 유기체와 시작도 끝도 모를 크기와 범위의 우주라는 질서를 만들어 내기 위해서는 상상을 초월한 능력이 요구된다. 그래서 신의 창조는 전지전능을 필요로 한다.

만일 인간이 생명을 탄생시키는 실험에 성공한다면 어찌 될까? 그것은 신의 패배일까, 우연의 패배일까? 아마도 우연의 패배일 듯싶다. 누군가 (의도를 가지고) 만들었음을, 인간이 (의도를 가지고) 실험해서 성공함으로써 입증했기 때문이다. 실험에서는 마음 즉, 의도와 설계가 작동한다. 뭔가를 만들고자 하는 의도, 생명의 탄생이 가능해지는 조건과 방법을 찾으려는 의도와 그 과정의 설계가 실험 전 과정을 지배한다. 이는 과거의 생명 탄생에서도 의도와 지배가 있었음을 추정할 수 있게끔 경험(과학)적으로 지지한 것이다.

집을 짓겠다는 의도를 품고서 벽돌을 던지는 자가 있을까? 없을 것이다. 그런 무모한 짓을 해서 무언가가 만들어지리라고 기대할 만큼 어리석지 않기 때문이다. 하지만 아무 생각 없이 벽돌을 던지는 자는 있다. 그가 과연 전혀 의도하지 않았던 집을 우연히 저절로 지을 수 있을까? 설계도(지성)와 의도(작위)가 준비되지 않는다면, 인간의 생활 조건을 충족시켜주는 집은 만들어지지 않는다. 한 명이 아니라 36억 명이 137억 년 동안 벽돌을 던져 대더라도 우리가 감탄하는 최적의 시설을 갖춘(미세 조정된) 집은 만들어지지 않을 것이라는 사실을 과학적으로(관찰 경험한 바를 근거로) 추정할 수 있다.

진화론은 과학적인가

신은 보이는가? 안 보여서 없다고? 원자는 보이는가? 안 보여서 없다고? 눈으로 원자 자체를 보지는 못하지만, 원자의 흔적은 발견할 수가 있다. 눈으로 신 자체를 보지는 못하지만, 신의 흔적(질서, 정보)은 발견할 수가 있다. 신은 질서이고 정보를 갖고 있다. 하늘이나 인체나 나뭇잎이나 세상에 무언가를 보기만 해도 거기에 담긴 놀라운 질서와 정보를 발견할 수가 있다. 그게 신의 흔적이다. 신이 무슨 흰 수염 난 할아버지인가? 아니다. 우리는 신과 관련해서는 그저 그 흔적에 대해서만 말할 수 있을 뿐이다.

신은 알(정확히 정의할) 수 없다. 마치 우리가 전기를 알(정확히 정의 할) 수 없듯이 말이다. 원자 역시 그렇다. 신은 이성이다. 지적인 존재다. 설계의 주체다. 과학은 만물에서 설계를 발견한다. 집을 보면 설계가 떠오르듯이 말이다. 설계도 없이 집이라는 구조물이 저절로 만들어졌다고 주장하는 것은 자유다. 집을 아무리 뜯어봐도 거기에 설계는 없다고 주장하는 것도 자유다. 설계 없이 만물이 만들어졌다고 주장하는 것도 자유다. 만물을 아무리 뜯어봐도 거기에 설계는 없다고 주장하는 것도 자유다. 하지만 그게 과연 과학적인가? 결코 과학적이지 않다. 오히려 비합리적이고 비과학적이다.

인간이 만든 어떤 것도 설계 없이 저절로 만들어지는 것은 없기 때문이다. 그래서 하다못해 토기 조각이라도 발견되면 오랜 시간에 걸쳐서 저절로 우연히 만들어졌다고 하지 않고, 거기에 사람이 살았었다고 해석한다. 그래야 과학적이다. 물론 거기에 사람이 살았다는 것을 직접 볼 수는 없다. 다만 토기라는 것이 갖고 있는 질서와 정보 즉 설계가 사람(지성)이 살았다는 것을 추정하게끔 할 뿐이다. 자연 만물을 보고서 그것을 만든 지성(신/인간은 만들 수 없으니까)이 있었다고 말하는 것이 그렇게 비과학적인가? 토기 조각을 보고서 그것을 만든 지성(사람)이 있었다고 말하는 것이 그렇게 비과학적인가? 토기를 만든 사람은 보이지 않음에도 불구하고 사람(지성)이 있었다고 추정하는 것이 과학적이다.

진화론(우연)과 창조론(지성)은 과학이 아니다. 전제다. 철학이다. 종교다. 모든 지식을 시작하는 출발점이다. 지성이냐 우발성이냐, 설계냐 멋대로냐, 필연이냐 우연이냐, 질서냐 무질서냐의 선택이다. 믿음이라는 얘기다. 그 믿음에 근거해서 학문이라는 썰을 풀어 나가기 시작하는 것이다. 모든 만물이, 질서와 정보와 설계된 조직체가 우발적으로, 멋대로, 우연히, 무질서하게 생성되고 있다고 믿는 것이 진화론이다. 진화론자들은 사람이란 조직체(기계)를 우연(오랜 시간)이 만들어 냈다고 믿지만, 로봇이라는 조직체(기계)는 우연(오랜 시간)이 만들어 내지 못한다고 믿는다. 뇌는 우발적으로 만들어지지만, 컴퓨터는 우발적으로 만들어지는 게 아니라고 믿는다. 그렇지 않은가? 그들은 로봇이나 컴퓨터 같은 것들이 철광석 광산에서 우연히, 무질서하게, 우발적으로, 어쩌다 보니 저절로 수십억 년 만 지나면 만들어질 수 있다고 믿는가?

자동차는 왜 굴러가는가? 휘발유 때문에 움직이는가? 아무데나 휘발유만 공급하면 다 굴러가는가? 그건 아니다. 자동차는 왜 굴러가는가? 사람 때문에 굴러간다. 사람이 그 자동차를 설계하고 만들었기 때문이다.

그런데 자동차의 구조와 작동 방식을 연구하다 보니 자동차가 바퀴 때문에 굴러간다는 것을 알게 되었고, 그 바퀴를 굴리는 것은 엔진 때문임을 알게 되었고, 그 엔진은 휘발유 때문에 움직이는 것을 알게 되었고, 그 휘발유가 불이 붙어 급팽창하는 힘 때문임을 알게 되었고, 휘발유는 초크라는 것이 있어서 불을 붙여 줘야 함을 알게 되었고, 초크에 불꽃이

튀도록 하기 위해서는 전기 배터리라는 것이 있어야 함을 알게 되었다.

그렇다면 이런 과학적 발견들은 마침내 자동차를 굴러가게 하는 게 인간이 아니라는 사실을 입증하였고, 따라서 자동차는 저절로 우연히 자연 선택에 의해 만들어진(진화한) 것임이 과학적으로 모두 밝혀졌으며, 자동차를 만들고 그것을 갈 수 있게 한 지성(인간) 같은 것은 원래 없었음이 검증되었다고 결론지어도 되는가???

진화론은 과학이 아니다. 단지 진화(우연/오랜 시간이 만물을 만들었다)라는 신앙을 가지고 과학 연구를 하는 것이지, 과학 연구를 통해서 진화라는 결론에 도달한 것이 아니다. 진화라는 신앙 대신에 창조(지성이 만물을 만들었다)라는 신앙을 가지고 과학 연구를 한다고 해서 문제가 될 것은 전혀 없다. 오히려 창조라는 신앙에 근거해서 진행되는 과학 연구들이 자연 현상이나 화석 기록들에 대해 훨씬 더 간결하게(추가적인 가설이나 가정을 덧붙일 필요 없이) 설명해 낼 수 있다. 그렇다면 오캄의 면도날(무언가를 설명할 때 불필요한 가정이나 가설을 덧붙여야 하는 이론 쪽을 버려라)에 입각해서 진화론(우연 신앙)을 버리고 창조론(지성 신앙)에 근거한 이론이 받아들여져야 하는 것 아닌가?

진화론은 학문적인가

지구가 태양 주위를 돈다. 우주 공간에서 지구가 태양 주위를 돌고 있는 것을 누가 관찰한 것일까? 아무도 보지 못했다. 다만 지구에서 관찰되어지는 여러 현상들을 설명하기 위해 그렇게 가정하고 믿는 것이다. 아직도 천동설을 약간 개조해서 우리가 관찰하는 현상들을 설명하려는 사람들도 있다. 논리적으로 문제는 없다. 다만 지동설보다 더 복잡할 뿐이다. 그래서 오캄의 면도날 원칙에 의해 거부되는 것이다. 똑같이 설명할 수 있을 때는 더 복잡한(가정이 많은) 이론을 버린다.

흔히 종교에 의한 과학의 핍박으로 알려져 온 갈릴레이 재판은 종교와 과학의 싸움이 아니었다. 그리스 최고 천문학자이자 비기독교인인 프톨레마이오스의 우주론과 신의 창조를 믿는 신부이자 과학자였던 코페르니쿠스의 우주론 간의 대결이었다. 구 우주론과 신 우주론의 대결인 셈이다. 지동설은 그리스 때부터 있었지만, 시차(지구가 공전한다면 별의 위치가 변하는 것으로 관측되어야 한다)가 관찰되지 않기 때문에 거부되었다.

코페르니쿠스는 지구가 태양 주위를 도는 것을 눈으로 관찰한 게 아니었다. 그는 태양이 천체 운동의 중심이 되어야 한다고 수학적으로 결론을 내렸고, 신이 그렇게 설계했다고 믿고 주장했던 것이다. 시차 문제는 별이 너무 멀리 있어서 측정이 안 되는 것뿐이라고 보았다. 오른쪽 눈과 왼쪽 눈을 번갈아 감아 가면서 사물을 바라보라. 가까이 있는 것은 위치가 달라지지만(시차 효과), 멀리 있는 것은 위치가 달라지지 않는다.

갈릴레이는 코페르니쿠스의 지동설을 이어받았다. 그리고 이 이론을 널리 확산시키려 했다. 새로운 정설을 만들고 싶었던 것이다. 천동설이 성경이 믿는 진리라서 갈릴레이가 핍박당한 것이라고 생각하는가? 그렇다면 갈릴레이를 제외한 나머지 과학자들은 무엇을 믿었을 것 같은가? 거의 대부분이 천동설을 믿었다. 프톨레마이오스의 우주론을 믿는 기존의 과학 세력이 코페르니쿠스의 새 우주론을 제압하기 위해서 교회 권력을 이용했다. 교회 권력을 통해서 지동설을 비신앙(이단)적이라고 딱지를 붙이게 하는 꼼수를 부렸던 것이다.

지구 중심설은 아리스토텔레스의 이론이고 천동설은 프톨레마이오스의 이론이다. 성경 때문에 교회가 천동설이 받아들인 게 아니라, 중세 과학자들이 기존의 그리스 과학 이론을 그대로 따랐을 뿐이다. 당시의 쟁쟁한 과학자들이 죄다 천동설을 믿고 있으니까 왕따 당할까봐 두려워서, 교회뿐만 아니라 그 누구도 함부로 지동설을 지지할 수가 없었을 뿐이다. 그리스 천문학의 대가 프톨레마이오스의 천동설과 아리스토텔레스의 지구 중심설이 정설로서 천년 동안이나 과학자들을 지배해 오지 않았던가?

지금 우리는 어떤가? 감히 진화론을 반박하거나 의혹을 제기하는 연구 논문을 냈다가는 왕따 당하고 연구소나 잡지사에서 쫓겨난다. 진화론자들이 과학계를 점령하고 있기 때문이다. 심지어 과학자가 젊은 지구설의 가능성을 얘기하면, 일반 사람들까지 한심하다는 듯이 덤벼들지 않는가? 어떤 기자들은 그런 과학자를 종교 광신자로 취급하기도 한다.

코페르니쿠스나 갈릴레이도 마찬가지 상황이었던 것이다. 코페르니쿠스의 지동설을 추종하는 갈릴레이(새로운 이론/ 패러다임의 전환)를 막기 위해 기존 과학계(아리스토텔레스와 프톨레마이오스의 우주론)가 선택한 방법이 사법부(교회)와 여론이었다. 당시는 교회가 사법기관이고 여론 제공처(언론)였으니까, 객관적인 사실에 대한 논쟁이나 과학적 검증을 통해서 할 수 있는 게 아니었으니까, 교회(재판)를 이용해 '비신앙적이다'는 강력한 딱지를 붙였던 것이다.

오늘날 진화론도 마찬가지다. 그들은 법원과 여론을 통해서 창조론을 억압한다. '비과학적이다/종교다'라고 낙인 찍어 버리는 것이다. 심지어는 토론조차도 안 하려고 한다. 진화를 부정적으로 보게 하는 논문은 무조건 거부 대상이 된다. '비과학적/종교적'이라는 낙인찍기로 밀어붙인다. 지금은 과학이 강력한 권력을 갖고 있는 시대다. 심지어 음식 요리도 과학적 조리법 이런 식으로 이름을 붙여야 사람들에게 먹혀들어 갈 정도다. 같은 패턴이지 않은가? 지금의 '비과학적이다/종교다'라는 낙인찍기와 갈릴레이 시대의 '비신앙적이다/이단이다'라는 낙인찍기가 말이다.

진화론자들에게 있어서 비과학적이라는 규정은 실제로는 비진화적이라는 말이고, 이는 비신앙적이라는 말이다. 진화론이라는 종교의 전제를 즉 진화라는 신앙을 거역하려 하는 괘씸죄(신성 모독죄)인 것이다. 그래서 중국의 고고학자가 한마디 하지 않았던가? 중국에서는 정부에 대한 비판이 금기이지만, 미국에서는 진화론에 대한 비판이 금기라고... 중국에서 정치의 자유가 웃기는 소리이듯이, 미국에서 학문의 자유(진화론에 관한 한)는 웃기는 소리라는 얘기다.

진화론자인 최재천 교수는 '오버턴 판사가 정리한 대로 자연 과학은 검증하고 반박할 수 있는 것이어야 한다'고 강조했다. 그는 '창조론자들이 신이 천지를 창조하셨다는 것을 믿으며 오로지 창조의 근거만을 찾아낼 뿐, 창조론에 대해 어떠한 회의도 가지려 하지 않는다'고 지적했다. 과학이라면 새로운 증거를 찾아 이를 바탕으로 기존의 질서에 도전하는 게 당연하다. 그러나 이들에게는 창조론에 의문을 제기하는 일 자체가 불경스러운 일로 간주된다. 그래서 최 교수는 창조론은 과학 이론이 될 수 없다고 주장했다.

최재천 교수를 창조론자로 둔갑시켜서 같은 논법으로 진화론에 대해

애기해 보자.

최재천 교수는 '오버턴 판사가 정리한 대로 자연 과학은 검증하고 반박할 수 있는 것이어야 한다'고 강조했다. 그는 '진화론자들이 우연이 천지를 창조하였다는 것을 믿으며 오로지 진화의 근거만을 찾아낼 뿐, 진화론에 대해 어떠한 회의도 가지려 하지 않는다'고 지적했다. 과학이라면 새로운 증거를 찾아 이를 바탕으로 기존의 질서에 도전하는 게 당연하다. 그러나 이들에게는 진화론에 의문을 제기하는 일 자체가 불경스러운 일로 간주된다. 최 교수는 진화론은 과학 이론이 될 수 없다고 주장했다.

심포지엄 주제로 창조론과 진화론의 논쟁을 다뤄 보자는 의견에 대해 이렇게 말했다고 한다.

"현대 진화론의 두 거장, 리처드 도킨스와 스티븐 제이 굴드는 학문적으로는 앙숙이었지만 딱 한 가지 합의에 도달한 게 있었어요. 바로 창조론을 배경으로 하는 지적 설계론자들의 주장에 행동으로 대응하지 않는다는 것이죠. 지적 설계론자들이 아무리 논쟁의 판을 키우고 싶어도 진화론자들이 아예 상대를 해주지 않으니 이슈가 안 될 수밖에요."

이런 식의 태도가 학문적인가? 토론을 통해서 시비를 가리는 것이 아니라, 상대를 묵살함으로써 자기의 옳음을 유지하고 자기의 권위와 이득을 지키려 하다니....

토마스 쿤의 패러다임 이론이 떠오른다. 과학자는 과학적 사실을 믿는 게 아니라, 그 시대의 패러다임을 믿는 것이다. 그 시대를 주도하고 있는 기득권 이론(구 패러다임)은 자기의 권위를 유지하기 위해서, 기득권 이론(구 패러다임)에 대한 이의를 묵살하고 왕따시키는 방식으로 대응을

하다가 결국에는 새로운 이론(신 패러다임)에 자리를 내어 주고 몰락하게 된다.

진화론자의 횡포, 그리고 법원의 판결

진화론이 잘못된 이론이라는 것을 알면서도 어쩔 수 없이 진화론을 가르치는 이들도 적지 않다. 그들은 진화론에 도전(?)했을 때 받게 될 불이익(해고, 연구 자금 중단, 고립, 조롱 등)을 두려워하며 입을 다문다.

캘리포니아 주립 대학의 연구원 마크 아미티지는 트리케라톱스의 화석에서 연부 조직을 발견했다. 이를 근거로(DNA가 썩지 않고 만 년을 넘긴다는 게 가능하지 않다는 과학적 사실 때문에) 6천만 년 전에 멸종했다던 공룡이 사실은 4,000년 전까지 살아 있었을 가능성에 대해 언급했다. 그는 얼마 지나지 않아 계약 만료를 이유로 해고되었다. 연부 조직의 발견 직후, 책임자가 우리 부서에서는 당신의 종교를 용납하지 않을 것이라고 말했다고 한다.

리처드 본 스턴버그 박사(진화론자)는 어느 날 스미스소니언 과학 저널 편집장 자리에서 해고되었다. 그 이유는 스티븐 마이어의 논문을 검토한 뒤, 논문의 수준을 인정하여 잡지에 게재하도록 했기 때문이다.

"논문 끝부분에 나오는 지적 설계론에 대한 언급이 문제였던 거죠. 저는 지적 설계론자들이 중요한 질문을 많이 제기했다고 봅니다. 그래서 그 질문들을 토론 테이블에 올리고자 했을 뿐입니다... 진화론에 의문을 제기하는 것은 너무 어렵습니다." (리처드 본 스턴버그, 전 스미스소니언 과학 저널 편집장 진화 생물학자)

조지 메이슨 대학의 캐롤라인 크로커 박사는 교수직을 잃었다. 자신의 세포 생물학 수업 중에 지적 설계론을 언급했기 때문이다.

"책임 교수가 저를 사무실로 불러 제가 창조론을 가르쳤다면서 징계를 내리겠대요. 저는 창조론을 가르친 게 아니라 슬라이드 두 장으로 지적 설계론을 잠깐 언급했을 뿐이라 했죠. 그는 징계를 피할 수 없을 거라 했고 전 직장을 잃었습니다."

더욱 기가 막힌 것은 자신도 모르게 블랙리스트에 올라 다른 어느 곳에서도 직장을 찾을 수 없게 되었다는 것이다.

"전 면접을 받으면 보통 그 자리에서 바로 채용이 됐죠. 하지만 그 일이 있고 난 후, 아무리 면접을 많이 해도 취업이 안 돼요."

신경외과의 마이클 에그너 박사(뉴욕 스토니브룩 대학 교수)는 의사가 의료 행위를 하는데, 굳이 진화론을 공부할 필요는 없다고 했다가 진화론자들의 엄청난 공격을 받았다.

"인터넷에서 많은 이들이 절 제거해야 할 인물로 지목했죠. 지독한 악성 댓글이 많았어요. 어떤 이들은 제가 일하는 대학에 전화해서 저의 사퇴를 요구하기도 했죠. 진화론에 대해 의심하는 말을 공개적으로 했다간 요주의 대상이 된다는 걸 깨달았어요."

천문학자인 기예르모 곤잘레스(전 아이오와 주립대 교수)는 우주가 지적인 존재에 의해 설계되었다는 책을 냈다가 곤욕을 치렀다. 행성 발견에 공헌한 연구 실적에도 불구하고 그는 종신 교수직 심사에서 탈락했다.

"만약 지적 설계론을 연구하지 않았다면 아마도 종신 교수직을 획득했겠죠. 이 바닥에서 경력을 중요하게 생각한다면 지적 설계론에 대해선

입을 다물어야 합니다."

필립 비숍 박사는 앨라배마 대학교의 생리학 부교수이면서 '인간 행동 실험실'의 책임자였다. 그는 인기 있는 교수로서 지적인 설계에 관한 풍부한 생리학적 연구들을 통해 얻은 증거들을 가지고 2분 간 토론을 하면서 매 학기 강의를 시작했다.

그러자 순회 법원의 재판관으로 구성된 위원회가 그의 강의를 금지시켰다. 수업 중에 학생들의 종교에 영향을 주어서는(지적 설계론을 거론해서는) 안 된다는 대학 측의 주장을 받아들인 것이다. 대학 당국은 비숍 박사에게 강의실에서의 수업뿐만 아니라, 캠퍼스 내에서의 임의적인 이야기까지도 중단하도록 명령했다.

반면에 코넬 대학의 생명 과학 교수인 프로빈은, 학기 초에 자기 수업 시간에 유신론을 믿는 학생들이 많이 있었다고 한다. 그는 강의 시간에 유신론적 논쟁을 뒤집기 위해 노력했다. 학기 초에는 약 75%의 학생들이 창조론자이거나, 적어도 진화의 목적을 믿었다고 그는 말한다. 다시 말해서 유신론자이거나 신이 진화를 지시했다고 믿었다.

그러나 그 학기 강의가 끝날 무렵에는 유신론자들의 비율이 50%로 떨어졌다고 프로빈 교수는 자랑스럽게 말했다. 명백하게 그는 학생들의 종교에 영향을 주는데 성공했으며, 그것이 매우 공개적인 사실이었음에도 불구하고, 대학과 법원은 이에 대해 간섭하지 않았다.

법원의 판결이 이상하다. '수업시간에 반종교적이거나 무신론적이거나 혹은 불가지론적인 자료들을 제시하는 것은 정당하다. 반면에 그에 반대되는 자료들을 제시하는 것은 잘못이다.' 한 교수는 최대한의 학문적 자유를 누리는 한편, 다른 교수의 학문적 자유는 분명하게 박탈되었다. 그 차이점은 한 사람은 무신론자이고, 다른 사람은 유신론자라는 것뿐이었다.

무신론 교수는 자기 관점을 수업 시간에 맘껏 공개적으로 제시할 수 있도록 허용되었다. 기독교인 학생들을 불편하게 할 수도 있다는 점에 대해서는 조금도 지적당하지 않았다. 반면에 유신론 교수는 자기 관점을 학생들에게 암시조차 하지 못하게 금지당했다.

이런 상황에서 과연 오늘날 대학과 법원은 학문에 대해 중립을 지켰다고 주장할 수 있는 것인가? 과연 수백 년 전 갈릴레오를 재판했던 교회 법정을 비난할 자격이 있는 것인가?

유신론 대 무신론

'태초에'라는 말은 시작을 의미한다. 신은 지성이다. 천지는 존재를 의미한다. 창조한다는 것은 어떤 목적을 부여했다는 것이다. 처음에 지성이 존재에 목적을 부여했다. 만물은 존재하는 순간부터 그 안에 존재 이유 즉 목적을 가지고 있다. 각자의 독특한 기능과 쓰임새가 정해져 있다는 얘기다. 이 세상에 어쩌다 보니 재수가 없어서 우연히 저절로 제멋대로 생겨난 것은 없다.

비행기를 구성하고 있는 모든 부품들은 나름대로 있어야 할 이유 즉 목적을 가지고 있다. 비행기라는 것이 사람의 지성에 의해 만들어졌기 때문에 그렇다. 따라서 비행기를 만든 사람은 각각의 부품이 지닌 기능과 이유를 안다. 하지만 비행기를 만들어 보지 않은 사람은 낯설고 별스럽게 생긴 부품들을 보면서 '굳이 이런 게 왜 있어야 하나?'하는 생각을 품을 수가 있다. 너무나 부품의 종류가 복잡한데다가 비행기에 대한 지식이 워낙 부족한 것이다. 그 부품들의 존재 이유를 모르겠다는 것은 그만큼 비행기에 대해 아는 게 부족하다는 의미다.

우리 몸의 장기들도 그렇다. 흔히 아는 대로 맹장, 꼬리뼈, 편도선, 갑상선 등 예전에는 필요 없는 것이라 여겼던 장기들이 의학이 발달하면서 그 기능들이 밝혀지곤 한다. 그러니 무엇이든지 간에 '쓸모없는 것이네'라고 함부로 규정할 게 아니다. 그 기능과 이유를 아직 알아내지 못했다고 하는 게 맞다. 자신이 창조자라도 된 듯이 '이건 필요 없는 것'이라고 단정 지을 것이 아니라, 그만큼 나의 지식이 부족함을 겸허히 인정할 일이다. 알면 알수록 모르는 게 더 많아진다는 말도 있지 않은가? 아는 게 부족할수록 자기가 뭘 모르는지를 모르기에, 스스럼없이 아는 척하게 되는 법이다.

인간의 역사도 그렇다. 인간 역사를 구성하고 있는 수많은 사건들이 있다. 인간이 쓴 역사책에는 그 흔적조차 기록되지 않은 것들이 훨씬 더 많다. 그렇다고 그 사건들이 무의미한 것이고, 발생하지 않았어도 되었을 그런 사건들일까? 그렇지 않다. 먼 훗날 모든 인간의 역사가 끝나는 날, 우주의 시간이 막바지에 이르는 날, 이 땅에서의 삶이 끝나고 신 앞에 서는 날, 그때 비로소 그 사건들이 있어야 하는 이유와 목적이 드러날 것이다. 그게 태초에 신이 천지를 창조하셨다는 선언이 함축하고 있는 의미다. 그 어떤 것도 이유 없이 어쩌다 보니 생겨날 수는 없다.

요즘 세상을 주도하는 코드는 다양성, 관용(똘레랑스)과 같은 단어들이다. 어찌나 다양성이 우상화(?)되었든지, 다양성을 존중한다는 명목 하에 전도에 대해 회의적인 자세를 취하는 사람도 있다. "네가 뭔데 감히 다른 사람에게 종교(사상)를 강요하느냐? 무슨 권리로 너의 종교(사상)만 옳다고 주장하느냐?' '전도라는 행위는 다양성을 존중하지 않는 것이다. 따라서 틀렸다. 편협한 것이다'라는 논리다. 과연 전도를 금지하는 것이 다양성을 존중하는 것일까?

이슬람은 이슬람교의 교리를 주장하고, 유교는 유교의 가르침을 내세우고, 불교는 불교의 깨달음을 전파하고, 기독교는 기독교의 복음을 선포한다. 아니면 이슬람교도 입 다물고, 유교도 입 다물고, 불교도 입 다물고, 기독교도 입 다문다. 어느 것이 진짜 다양성의 존중일까? 무신론을 주장하는 자와 유신론을 주장하는 자가 함께 떠드는 게 다양성일까? 함께 입 다무는 것이 다양성일까? 아니면 무신론은 자유롭게 떠드는데 유신론은 어색하게 입 다물고 있는 게 다양성일까? 유신론은 자유롭게 떠드는데 무신론은 어색하게 입 다물고 있는 게 다양성일까?

오늘날 학교 교육은 대체로 무신론(진화론)이 떠드는 세상이다. 유신론(창조론)은 종교라는 이름으로 제재를 당한다. 그런데 무신론(진화론)은 학문이라는 이름으로 활개를 친다. 유신론(창조론)은 학문이 아니라는 얘기는 도대체 어떤 근거에서 나온 것인가? 학교에서는 특정 종교를 내세우지 말라며 유신론(창조론)의 입에 재갈을 물린다. 이런 편향적 다양성(?)이 어디 있는가?

무신론(진화론)은 종교가 아닌가? 무신론(진화론)도 종교다. 우연(저절로)을 믿는 종교(신앙)이다. 유신론(창조론)은 필연(지성)을 믿는 종교(신앙)이다. 진화론은 우연을 믿는 종교지, 과학이 아니다. 우연이라는 신념에 근거해서 과학적 작업들을 하는 거다. 필연(지성)이라는 신념에 근거해서 과학적 작업을 하는 게 창조론이다. 이게 과학이라는 학문의 실체다. 그런데 오늘날 학교 교육에서는 진화론은 과학이고 창조론은 종교라고 사기를 친다. 누가? 진화론자들이... 그들이 학문의 요직을 장악하고 있기 때문이다. 진화는 과학적으로 얻은 결론이 아니라, 과학적 근거가 없는 신념 즉 신앙일 뿐이다.

2. 진화론을 정당화했던 거짓 증거들

① 개체 발생은 계통 발생을 반복한다?
  - 과학자의 사기 행각

② 오파린의 가설과 밀러의 실험
  - 그야말로 거짓말(가설)

③ 화석의 연대는 방사성 연대 측정법이 입증한다?
  - NO

④ 필트다운인
  - 조작된 인류의 조상

⑤ 적자생존과 자연 선택
  - 의미 없는 동어 반복

⑥ 진화론 신념이 만들어 낸 오류

"내가 학생 때 배웠던 거의 모든 진화 이야기들이... 지금은 틀렸던 것으로 밝혀졌다." (데릭 에이저, 진화론 지질학자)

① 개체 발생은 계통 발생을 반복한다? – 과학자의 사기 행각

　진화론을 유럽 대륙에 전파하는 데 지대한 공을 세운 사람이 바로 헤켈이다. 헤켈이 그려 낸 배아도는 '개체 발생은 계통 발생을 반복한다 (같은 조상에서 진화했기에 배아의 모습이 비슷하다)'는 명제와 함께 진화론을 과학적 사실로 믿게 만드는 데 크게 기여했다. 중등학교 생물 교과서에 실린 헤켈의 배아도를 보면서 '역시 인간은 진화했구나'라고 믿게 된 학생들이 어디 한두 명이겠는가? 그런데 그 그림이 조작이었다니....

　헤켈은 다윈의 『종의 기원』을 읽고 진화론의 열성적인 전도자가 되었다. 그는 생명이 없는 무기물과 생명체 사이를 연결시키기 위해 아주 작은 원형질 유기체를 상상해 낸 후, '모네라'라고 불렀다.

　1868년 독일의 과학 잡지에 헤켈의 모네라에 대한 글이 실렸다. 기사 분량이 73쪽이나 되었다. 완전히 상상 속 창작물임에도 불구하고, 분열과 생식 등 모네라의 온갖 특성에 대한 상세한 묘사를 담고 있었다. 과학 잡지라는 곳에서....

　그는 인간과 원숭이 사이를 잇는 연결 고리로서 피테칸트로푸스 알라루스(말 못하는 유인원)라는 존재를 상상해 냈다. 화가를 시켜서 헤켈 자신이 상상한 대로 그 모습을 그리게 하였다. 오늘날 자연사 박물관에 전시된 유인원 그림은 이런 식으로 그려진 것들이다. 진화론은 과학적 관찰이나 실험 결과가 아닌 상상과 가정만을 근거로 시작되었던 것이다.

헤켈을 가장 유명하게 만들어 준 상상은 소위 발생 반복설이다. 초기 인간 배아가 다른 포유동물들의 배아와 동일하고, 물고기처럼 아가미를 가지거나 원숭이처럼 꼬리를 가지는 진화의 단계를 되풀이한다는 이론이다. 흔히 개체 발생은 계통 발생을 되풀이한다는 말로 요약된다.

헤켈은 자신의 이론을 입증하기 위한 해부학적 증거를 찾았지만 성과가 없었다. 그래서 남이 그려 놓은 '개의 배아'(발생 25일째) 그림과, '인간 배아'(발생 4주째) 그림을 임의대로 늘리고 줄임으로써 가짜 증거를 만들어 냈다.

라이프치히 대학의 해부학 교수였던 빌헬름 히스 경은 헤켈의 그림이 조작되었음을 알아냈다. 히스 교수는 이런 명백한 조작에 관련된 사람은 스스로 과학자의 신분에서 물러나야 한다고 단언했다.

그러나 정작 당사자인 헤켈은 배아도가 조작되었다는 사실이 밝혀졌을 때, 자신이 조작한 게 아니라 화가가 일부분 실수한 것일 뿐이라고 변명했다. 그 후에도 조작된 헤켈의 배아도는 진화론자의 책이나 강연에서 버젓이 사용되었다. 마치 사실인 것처럼 말이다. 척추동물들의 배아 발달과정을 3단계로 그려 놓은 헤켈의 배아도는 진화의 증거로 교과서에 실렸다.

그렇게 세월이 흐르던 중 런던 성 조지 병원 의학부의 교수인 마이클 리처드슨이 헤켈의 그림이 뭔가 잘못되었다는 의심을 품게 되었다. 전문가들로 팀을 구성하여 그가 조사한 결과는 충격적이었다. 배아들의 실제 모습이 너무나 달라서 헤켈이 만든 그림은 도저히 진짜 표본을 보고 그렸다고 할 수 없을 정도였다.

"이것은 과학적 위조 사건 중에서 최악이다. 위대한 과학자로 알려졌던 그가 고의적으로 과학적 사실을 오도했다니… 너무나 충격적이다. 서로 다른 배아가 비슷하게 보이도록 그가 그림을 조작했다. 이것은 완전 사기다."

서로 비슷한 게 아니라, 타고난 유전자가 완전 달랐던 것이다.

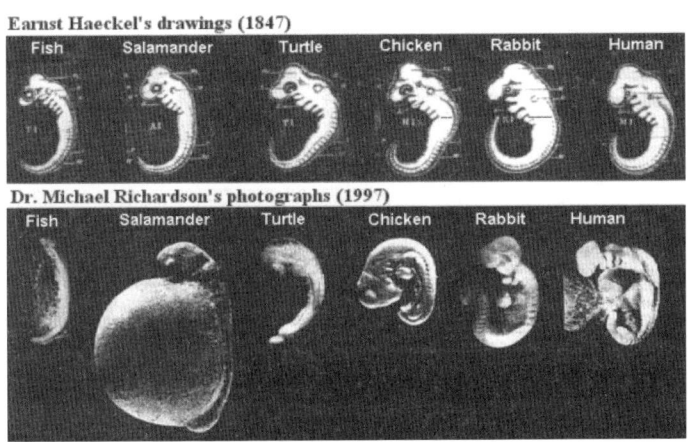

<윗줄은 헤켈의 조작된 배아 그림이고, 아랫줄은 리처드슨의 실제 배아 사진이다.>

② 오파린의 가설과 밀러의 실험 - 그야말로 거짓말(가설)

생명체는 단백질로 구성되어 있다. 단백질은 아미노산으로 이루어져 있다. 아미노산은 생명체를 구성하는 유기물이다. 생명체가 자연에서 저절로 생겨났다는 진화론의 주장이 정당화되기 위해서는 일차적으로 무기물로부터 우연히 저절로 유기물이 생성되는 것을 밝혀야 했다.

오파린은 원시 지구에서 생명체가 자연 발생적으로 탄생할 수 있다고 주장했다. 『생명의 기원』(1936년)이라는 책에서 그는, 최초의 원시 생물에 필요한 유기물은 무기물로부터 자연 발생되었고, 이러한 자연 발생이 가능한 환경으로서 원시 지구의 대기가 수증기, 수소, 암모니아, 메탄 등의 환원성 대기였을 것이라고 추정했다.

이 기체들이 방전 에너지와 자외선을 흡수하고 서로 반응하면서 간단한 아미노산과 그밖에 유기물이 생성되었고, 이것들이 비에 녹아 원시 바다로 흘러 들어가 우연히 원시 생명체로 진화했다고 주장했다.

생명 발생에 대한 오파린의 이런 주장을 화학 진화라고 한다. 그러나 그 당시에는 아미노산이라는 유기물은 생명체만이 만들 수 있는 물질이라고 생각하고 있었기에 그의 주장은 설득력 있게 받아들여지지 않았다.

그런데 1953년 시카고 대학의 대학원생이었던 밀러가 오파린의 가설대로 실험을 실시했다. 플라스크에 메탄, 수소, 암모니아 등의 기체를 일정 비율로 채워 넣었고 물을 끓여 수증기가 플라스크에 있는 혼합 기체와 섞이게 하였다. 오파린이 가정했던 원시 지구의 대기 상태를 재현했던 것이다.

그는 혼합 기체에 전기를 연결하여 번개를 모방한 스파크를 발생시킴으로써 화학 반응이 일어나게 하였다. 그렇게 만들어진 화합물을 냉각 장치를 통해 모은 결과 소량의 아미노산을 얻을 수 있었다. 무기물에서 유기물이 우연히 저절로 만들어진 것이다.

밀러는 실험 결과를 발표하였고 학계의 반응은 실로 대단했다. 밀러의 실험을 통해 생명체가 우연히 저절로 생겨날 수 있다는 진화론의 주장이 과학적으로 입증되었다는 것이다. 밀러의 실험 결과를 '생명 자연 발생설'에 대한 결정적 증거로 간주했다.

그 여파로 오늘날까지 많은 사람들이 밀러의 실험을 통해 오파린의 가설이 입증되었으며, 진화론은 과학적 사실로 확인되었다고 믿고 있다. 과연 그런 것일까?

밀러는 냉각 장치를 사용하여 발생된 아미노산을 분리했다. 하지만 원시 지구 환경에서는 이러한 인위적인 특수 냉각 장치가 존재하지 않았다. 유기물이 합성되더라도 보존할 방법이 없는 것이다. 냉각 장치가 없을 경우 아미노산은 곧 바로 파괴되었을 것이다.

아미노산이 우연히 하나 만들어지더라도 또 다른 아미노산이 만들어지기까지 과연 그 아미노산이 어떻게 보존될 것이며, 또 그렇게 만들어진 아미노산들이 모여서 어떻게 단백질이 될 것이며, 그렇게 만들어진 단백질이 다른 단백질이 생겨날 때까지 어떻게 보존될 것이며, 그렇게 보존된다 하더라도 그 단백질들이 어떻게 세포로 만들어질 것이며, 그렇게 세포가 우연히 저절로 만들어졌다고 하더라고 어떻게 물질대사를 할 수 있게 될 것이며, 우연히 어쩌다 보니 저절로 물질대사를 할 수 있게 되었다 하더라도 어떻게 자기 복제 능력을 지니게 되었는지… 그 길은 너무나도 요원하고 너무나도 복잡해서 도저히 과학적 설명이 불가능한 과정이다.

진화론이 자연 발생설을 입증하기 위해서 통과해야 할 필수 과정을 요약하면 다음과 같다.

* 아미노산 등 생명체 구성 물질이 우연히 저절로 만들어짐을 입증해

야 한다.
* 우연히 만들어진 아미노산이 오랜 시간 동안 우연히 보존될 수 있음을 입증해야 한다.
* 아미노산들이 우연히 모여서 저절로 조립되어 단백질이 만들어짐을 입증해야 한다.
* 우연히 만들어진 단백질이 오랜 시간 동안 우연히 보존될 수 있음을 입증해야 한다.
* 단백질들이 우연히 모여서 저절로 조립되어 복잡한 세포가 만들어짐을 입증해야 한다.
* 세포가 우연히 저절로 물질대사를 할 수 있게 됨을 입증해야 한다.
* 세포가 우연히 저절로 자기 복제를 할 수 있게 됨을 입증해야 한다.

여기까지 성공한다면 이제야 아메바 같은 단세포 생물이 생겨난 것이다. 그 다음에는 아메바에서 어떻게 우연히 핏줄이 생겨나고, 우연히 살과 뼈가 만들어지고, 우연히 콩팥이 생겨나고, 우연히 눈이 생겨나고, 우연히 뇌가 생겨나는지 등을 입증해야 한다. 가야 할 길이 너무나 너무나 너무나 멀다. 진화론은 결코 과학적으로 입증될 수가 없을 것이다.

③ 화석의 연대는 방사성 연대 측정법이 입증한다? – NO

화석의 연대는 어떻게 정해지는 것일까? 보통 사람들은 화석의 연대가 과학적 방법(실험이나 관찰)을 통해 입증되었다고 생각한다. 화석의 연대는 방사성 동위 원소 측정법과 같은 과학적 방법을 통해 검증이 가능하다고 믿는다. 과연 그럴까?

사실 화석의 연대는 방사성 탄소 측정법이나 칼륨-아르곤 측정법이나 우라늄-납 측정법 등에 의해 결정된 것이 아니다. 이런 측정 방법들과는 전혀 상관이 없다. 화석의 연대는 방사성 연대 측정 방법이 생겨나기 훨씬 전인 1800년대부터 이미 합의에 의해 결정되는 과정을 밟아 왔기 때문이다.

도대체 화석의 연대를 결정하는 근거는 무엇일까? 그것은 바로 지질 주상도라는 것이다. 지질학자들이 지층이 생겨난 순서와 그 생성 연대를 결정해 놓은 표를 지질 주상도라고 한다. 물론 이 지질 주상도의 순서 그대로 존재하는 지층은 세계 어디에도 없다. 지구 여기저기 지층들이 흩어져 있을 뿐이다. 그 지층들이 생겨난 연대가 다르며 밑에 있는 것일수록 오래되었다는 가정 하에 지층들을 모아서 순서를 만들고 연대를 결정했을 뿐이다.

예를 한번 들어 보자. 우리가 잘 아는 삼엽충이 있다. 지질 주상도에 따르면, 삼엽충은 3억 년 전 캄브리아기에 살았다. 따라서 어떤 지층에서 삼엽충이 발견되면 그 지층은 3억 년 된 캄브리아기 지층이다. 만일 그 지층에서 어떤 생물의 화석이 발견되면 그 생물은 자연스럽게 3억 년 전 생물이 되는 것이다.

화석의 연대는 그게 묻혀 있던 지층의 연대로 안다. 그렇다면 지층의 연대는 어떻게 아는가? 그 지층에 묻혀 있는 화석(표준 화석)의 연대로 안다. "화석의 연대는 지층의 연대로 알 수 있다. 지층의 연대는 화석의 연대로 알 수 있다." 전형적인 순환 논증이다. 철수네 집은 영희네 집 옆에 있다. 영희네 집은 철수네 집 옆에 있다. 논리적으로는 그럴듯해 보이지만 사실성은 전혀 없는 진술이다. 철수네 집 주소가 밝혀지기 전에는 과학적으로 전혀 의미가 없는 진술이다.

지질 주상도가 전제하고 있는 '삼엽충이 살았던 시기가 3억 년 전이다'라는 주장의 근거는 무엇일까? 그 주장에 대한 과학적 증거가 과연 있는 것일까? 그 증거는 진화론자들의 머릿속에 있다. 생명체가 오랜 시간에 걸쳐 단순한 것에서 복잡한 것으로 천천히 진화했다는 상상에 근거해서 삼엽충의 연대를 3억 년으로 결정한 것이다.

만일 오랜 시간에 걸쳐 만들어졌다는 지층들이 홍수와 같은 대격변에 의해 한꺼번에 생겨날 수 있다면 어떻게 될까? 지질 주상도는 거짓이 되고 만다. 거짓인 대전제에 근거해서 만들어진 이론은 아무리 많은 관찰과 실험을 동원해서 정교하게 가공되더라도 거짓이 되고 만다. 그래서 데카르트가 지식의 체계를 세움에 있어서 '방법적 회의'라는 방법을 통해 지식의 출발점을 명석 판명한 진리 위에 두려고 애를 썼던 것이다.

진화론자들이 오랜 시간에 걸쳐서 만들어졌다고 주장하는 지층들은 순식간에 만들어질 수도 있다. 실제로 과학적 실험을 통해 이를 입증한 사례가 있다. 게다가 세인트헬렌스산의 화산 폭발로 인해 며칠 사이에 만들어진 지층(규모만 작을 뿐 그랜드캐니언과 아주 흡사하기에 '소 그랜드캐니언'이라 부른다)이 실재하고 있다. 그랜드캐니언도 엄청난 대홍수에 의해 단기간 내에 만들어졌다는 과학적 추론이 가능해진다.

지질 주상도에 있는 지층들의 연대를 결정하는 것은 표준 화석이다.

진화론자들이 가정한 진화의 순서(단순한 구조의 생물에서 복잡한 구조의 생물로)에 따라 각 시기를 대표하는 화석을 선정했는데 이를 표준 화석이라 한다. 그 표준 화석의 연대는 진화론자들이 상상력을 발휘하여 결정한 것이다.

그래서 지구의 생성 연대는 자꾸 변해 왔다. 연대 측정 방법을 통해서 과학적으로 확증된 것이 아니라, 진화론이라는 가설에 맞게끔 지구 연대를 조정해 왔던 것이다. 지금은 대충 46억 년으로 보고 있다. 아마도 앞으로는 지구의 연대를 더 늘려야 하지 않을까? 과학의 발달로 생명체의 복잡성이나 우주 질서의 정교함이 밝혀지고 있기 때문이다.

1978년 11월 6일 UCLA 대학에서 백악기 석회암 속에 묻혀 있는 탄화된 나뭇가지의 연대를 측정하였다. 측정 결과 13,000 - 12,600년 전이었다. 백악기라면 1억 4천만 년 전에서 6천 5백만 년 전으로 추정되는 시기이다. 지질 주상도와 맞지 않는 측정 결과가 나온 것이다. 이를 어찌 해석해야 할까?

반감기가 5730년인 방사성 탄소(C-14)의 경우, 십만 년 만 지나도 측정할 수 없을 정도가 된다. 그런데 수천만 년에서 수억 년이 되었다는 석탄이나 화석 등에서 빠짐없이 방사성 탄소(C-14)가 검출된다. 이를 어떻게 해석해야 할까? 그 화석들이 수천만 년이 되지 않았거나, 탄소 연대 측정에 문제가 있다고 봐야 할 것이다.

진화론자들은 석탄이나 다이아몬드나 공룡의 뼈 등에서 방사성 탄소(C-14)가 측정되었다는 보고서들을 접할 때마다 묵살해 왔다. 지질 주상도에 따르면, 그것들은 수억 년 또는 수천만 년이나 된 것이라서 방사성 탄소(C-14)가 남아 있을 수 없기 때문이다.

그래서 진화론자들은 화석이 오염되었다고 판단한다. 결국 방사성 연대 측정 결과라는 것은 진화론자가 이미 정해 놓은 연대와 일치하는 경우에만 수용하는 과학적(?) 방법인 셈이다. 화석의 연대는 진화론자의 믿음에 따라 결정된 것이지 과학적으로 입증된 것이 아니다.

④ 필트다운인 - 조작된 인류의 조상

진화론자들은 원숭이와 인간이, 지금은 존재하지 않는 과거의 어떤 유인원으로부터 진화했을 것이라고 믿는다. 이를 입증하기 위해 원숭이와 인간의 특징을 함께 가진 유인원의 뼛조각을 찾으려 애쓰고 있다.

발굴을 통해 얻은 몇 개의 뼛조각 화석들을 근거로 상상해 낸 유인원들이 바로 인류의 조상이다. 자연사 박물관에 가면, 구부정한 허리로부터 시작해서 조금씩 허리가 펴지는 유인원들의 그림이 있다. 실제 그런 모습이었다는 증거는 어디에도 없다. 상상일 뿐이다. 발굴한 뼛조각들을 모아서 중간 단계의 유인원이라 추정을 하고(진화론자들 사이에서도 원숭인지 사람인지 의견이 나뉠 수밖에 없다), 그 모습을 상상해서 그린 것이다. 똑같은 뼛조각으로도 다양한 모습이 가능하다. 그러니 그림에 속지 말라.

1922년 미국의 지질학자인 쿡은 네브래스카주의 지층에서 어금니 하나를 발굴하였다. 진화론자들은 그 어금니가 침팬지와 사람의 중간 단계인 유인원의 것으로서 40만 년 전에 살았다고 주장(상상)하였다. 네브래스카인의 탄생이다. 어금니 한 개로 어떻게 그 모습을 그려 낼 수 있었을까? 화가에게 원숭이와 사람의 중간 모습으로 그리라고 요청했던 것이다.

1925년 7월 미국 테네시주에서 있었던, 진화론을 가르친 교사 스코프스의 재판에서 진화론자인 다로는 창조론자인 브라이언에게 다음과 같이 반문했다.

"당신 고향인 네브래스카에서도 진화론이 사실임을 보여 주는 잃어버린 중간고리인 유인원의 화석이 발견되지 않았소?"

재판이 끝나고 3년이 지난 후, 매우 충격적인 사실이 밝혀졌다. 네브래스카인의 어금니와 완전히 동일한 이빨을 가진 멧돼지의 유골이 발견된 것이다. 이 멧돼지가 미국에서는 멸종되었으나, 파라과이에서는 아직도 서식하고 있다는 사실도 확인되었다.

'잃어버린 중간고리' 백미는 필트다운인 조작 사건이다. 찰스 도슨은 영국의 필트다운 마을에서 40-50만 년 전의 것으로 추정(상상)되는 두개골 파편들과 치아 및 턱뼈들을 발견하였다. 두개골은 사람에 가까웠고 아래턱뼈는 원숭이와 비슷하였다.

사이언스지의 표지 기사로 실렸고, 브리태니커 사전에도 기재되었다. 필트다운인을 주제로 한 학술 논문도 550건 이상 쏟아졌다. 이 뼛조각들에 대한 이의가 제기되어서 진상 조사 위원회가 결성되었지만, 진짜로 판정되었다.

1953년에 2차 조사 위원회가 소집되었다. 새로 개발된 불소 측정법으로 측정한 결과 필트다운인의 불소 함량이 매우 적어 불과 수천 년 전의 것으로 확인되었다. 오래된 것처럼 보이도록 약물 처리하였고, 줄톱으로 갈아서 이빨을 조작한 흔적도 발견되었다. 결국 필트다운인은 원숭이 턱뼈와 사람의 두개골을 조립하여 만든 것임이 드러났다.

중간고리임을 결정하는 단서인 뇌 용적은 어떻게 결정되었을까? 우드워드는 필트다운인의 뇌 용적을 1070cc로 추정한 반면, 키스는 큰 턱뼈에 맞게끔 1500cc로 봐야 한다고 주장하였다. 두 사람이 팽팽히 맞서자, 샤르댕이 중간 크기에 해당하는 1200cc로 타협을 보게끔 이끌었다.

인류 진화의 중간고리 발굴에는 반복되는 패턴이 있다. 발굴된 유골이라는 것들은 항상 빈약한 일부 뼈 조각들뿐이다. 학자들 사이에서 의견이 갈리기는 하지만, 유골이 인간과 원숭이의 특성을 둘 다 갖고 있는 것으로 간주된다. 진화의 중간고리로 인정되는 것이다. 그리고 나서 다시 유골에 대한 이의가 제기되고 그 실체가 의심스러워진다. 이어지는 발굴과 연구와 재논의 과정을 거쳐서 멸종된 유인원, 아니면 인간으로 재분류된다.

"현재로서는 원숭이가 사람으로 진화했다는 주장은, 사실 데이터에 입각한 과학적 주장이 아니라 풍부한 상상력에 근거한 서술일 뿐이다."

인류 진화 과정을 보여 준다며 교과서에 등장했던 사례들

* 오스트랄로피테쿠스 – 1924년 다트에 의해 아프리카에서 최초로 발견되었다. 뇌의 크기는 현대인의 $\frac{1}{3}$ 정도였다. 에티오피아에서 요한슨이 발굴한 유골에는 루시라는 이름이 붙여졌다. 오스트랄로피테쿠스에 대해

서 15년 간 연구한 진화론자 주커만 박사와 시카고 대학의 옥스나드 박사는 이들이 멸종한 유인원이며 인류의 조상과는 관련이 없다고 하였다.

　　* 자바원인 – 1891년 뒤부아 박사(헤켈의 제자)에 의해 인도네시아 자바 섬에서 어금니 1개와 두개골 조각 1개가 발굴되었다. 몇 달 후에는 사람의 대퇴골 1개를 더 발굴하였다. 두개골 일부(원숭이)와 허벅지뼈 일부(사람)가 같은 개체의 것이라고 보고 진화의 중간 단계 화석으로 발표하였다. 그러나 뒤부아는 같은 지층에서 사람의 두개골이 발견된 사실을 숨겼다. 사람과 같이 살았다면 진화한 것이 아니기 때문이다. 그 후 멸종된 긴팔원숭이 종류로 간주되었다.

　　* 북경원인 – 1927년 치아 한 개를 발굴하고 '시난트로푸스'라고 명명했다. 다음 해에는 두개골의 일부를 발굴하였다. 그 후에도 많은 유골이 추가로 발굴되었으나, 세 번에 걸쳐 발생한 의문의 분실 사고로 모두 사라지고, 현재는 두 개의 치아만이 남아 있다. 파리 인류학 연구소의 브루일은 같은 지역에서 현대인의 유골과 현대인이 사용한 잿더미(7m 높이) 흔적을 발굴하였다.

　　* 하이델베르크인 – 1907년 독일 하이델베르크 지방에서 아래턱뼈의 화석이 발견되었다. 진화론자들에 의해 50만 년 전의 중간 화석이라고 추정되었다. 큰 턱뼈는 유인원과 유사하고 이빨은 사람과 비슷했기 때문이다. 하지만 턱뼈 모양이 남태평양의 뉴칼레도니아 사람과 같다는 주장

이 제기되었다.

　* 네안데르탈인 - 1896년 독일 뒤셀도르프 네안데르 계곡에서 처음 발견되었다. 현대인의 두개골과 거의 비슷하고 뇌의 크기는 더 컸다. 두개골의 완만한 경사각 때문에 진화론자들에 의해 대략 3만~30만 년 전에 살았던 중간 화석으로 추정되었다. 추후 연구 결과 현생 인류와 공존하면서 성적 접촉도 이루어졌으며, 현생 인류의 유전자 중 일부는 네안데르탈인에서 기원하는 것으로 보고되기도 하였다.

　* 크로마뇽인 - 1868년 프랑스 크로마뇽 암벽에서 둥근 두개골과 작은 턱뼈가 발견되었다. 고도의 석기 문화와 예술 능력을 소유했으며, 현대인과 거의 차이가 없다.

⑤ 적자생존과 자연 선택 - 의미 없는 동어 반복
- 자연은 선택하지 않는다. 생명체가 적응 여부를 선택할 뿐이다.

적자생존의 허구성
　과학 법칙이나 이론은 우리가 직면한 경험적 상황에서 구체적인 예측(추정/정보)을 가능하게 해준다. 경험 세계에서 벌어지고 있는 현상에 대한 이론이기에 그렇다. 중력의 법칙은 피사의 사탑에서 떨어뜨린 물건이 어떤 속도로 언제쯤 바닥에 닿을 것인지를 예측할 수 있게 해준다. 지구와 달의 운행에 대한 과학적 이론은 우리에게 개기 일식이 언제 이루어지는지를 구체적으로 예측할 수 있게 해준다.

진화론이 금과옥조처럼 여기고 있는 핵심 원리는 '적자생존'이다. 적합한 자가 살아남는다는 의미이다. 이게 진화론이 말하는 진화의 과학적 원리이다. 이 이론에 근거해 우리가 경험적 상황에서 할 수 있는 구체적인 예측으로 과연 어떤 것이 있을까? 앞으로 어떤 모습으로 진화해 갈 것인지를 예측하게 해 주는가? 아니면 그 생명체가 진화할 수밖에 없는 새로운 환경에 대한 예측(정보)을 제공해 주는가? 아니면 지금 모습으로 진화하기 이전의 모습에 대한 추정(정보)을 제공해 주는가? 적자생존이라는 과학 이론이 우리에게 알려주는 정보는 아무것도 없다.

이런 식의 이론이나 법칙은 우리가 생활 속에서 얼마든지 찾을 수 있다. 올림픽의 꽃이라는 마라톤에도 이런 법칙이 있다. 일명 '속자우승'이다. 풀이 하자면 빠른 자가 우승한다는 얘기다. 누가 우승하는가? 빠른 자이다. 빠른 자는 누구인가? 우승하는 자이다. 전쟁에도 그런 법칙이 있다. '강자승전'이다. 센 놈이 이긴다는 것이다. 그것보다 좀 더 세련되게 말하고 싶다면 '적자승전'이라고 하면 된다. 때로는 강하다고 생각했는데 지는 경우도 있기 때문이다. 이런 약점을 해소하려면 싸움에 적합한 자가 승리한다는 식으로 바꿀 필요가 있다. 그러면 좀 더 완벽한 과학적(?) 원리가 된다.

적자생존이 과학적으로 우리에게 무엇을 알게 해주는가? 과연 과학 법칙이고 이론이라 할 수 있는 것인가? 적자생존은 그저 동어반복(같은 말을 되풀이)일 뿐이다. 생존하는 자가 적합한 자이고 적합한 자가 생존하는 자이다. 이것이 과학 법칙인가? 도대체 적합하다는 게 경험적으로 과학적으로 구체적으로 무엇인가? 살아남는 것이다. 그렇다면 살아남는 게 경험적으로 과학적으로 구체적으로 무엇인가? 뭔가 모르지만 적합하다는 것이다. 이런 식의 논증이 과학적으로 무엇을 말하는 것이라고 과연 주장해도 되는 것인가?

　　물속에서 살던 물고기가 땅위로 기어 나와서 지느러미가 다리로 진화했다. 물고기가 땅위로 나오는 순간, 물이라는 적합한 환경에서 벗어나 땅이라는 부적합한 환경에 노출된다. 주변 환경이 변했으니 물고기에게는 살아남기 위해 돌연변이가 필요한 상황이다. 지느러미는 물속에서 적자이지 땅위에서는 적자가 아니다. 그럼에도 불구하고 기어이 힘겹게 지느러미를 가지고 땅위로 나와 펄쩍펄쩍 뛰면서 지내다가 죽기도 하고 살아남기도 하면서 마침내 지느러미를 조금씩 다리로 진화시켜 나갔다. 이것을 굳이 '적자생존'이라고 명해야 할까, 오히려 '부적자생존'이라 명명하는 것이 더 적절하지 않을까? 부적합한 환경에 뛰어든 부적합한 자도 아주 오랜 시간을 거쳐서 점진적인 돌연변이와 적응 과정을 통해서 살아남을 수 있음을 보여 주고 있지 않은가?

　　물고기는 그냥 물에서 살면 된다. 수십, 수백, 수천 년 동안 지느러미를 다리로 바꾸기 위해 사서 고생하다 죽은 물고기는 도대체 몇 마리나 될까? 왜 그런 억지 선택을 적자생존, 자연 선택이라 부르는가? 땅위에서 쓸모가 없는 지느러미를 가지고 굳이 땅으로의 모험과 고난의 행군을 시작한 물고기의 피눈물 나는 사투가, 알 수 없는 세월을 거쳐 자자손손 가업으로 이어가며 마침내 다리를 창조해 냈다? 이게 자연인가, 기적(초자연)인가? 무작위적 선택인가, 불굴의 의지인가? '자연 선택론'보다는 '불굴의지론'이 더 적절한 명칭일 것 같다. 우리가 결코 절대로 직접 관찰할 수가 없는 완전히 초자연적 현상(기적)이다.

게다가 이제까지 발견된 화석의 기록은 점진적이고 미세한 변화의 누적으로 인한 진화를 지지해 주지 않는다. 어류에서 양서류를 거쳐 파충류에 이르기까지 얼마나 오랜 시간 동안, 얼마나 많은 돌연변이 단계를 거쳤겠는가? 엄청나게 많은 돌연변이(신체 구조가 비정상적인 괴물)들이 화석으로 남아 있어야 한다. 그럼에도 불구하고 돌연변이에 의해 조금씩 바뀌어 가는 오랜 과정을 보여 주는 중간 단계의 화석들이 없다. 이런 수준의 적자생존 이론을 과연 과학적이라고 감히 말해도 되는 것인가?

자연 선택은 적자가 선택되는 과정도 명쾌하게 설명하지 못한다. 어떤 특성을 가진 개체가 선택되는지는 설명하지 못하고 '살아남았으니 적자'라는 것이다. 이러한 이유로 칼 포퍼는 적자생존에 의한 자연 선택 원리라는 게 개념 정의 상 동어 반복적이며 실험 불가능한 것이기 때문에 진화론은 과학이 아니다라고 주장한 바 있다.

자연 선택은 진화가 아니다

진화는 없는 기관이 새로 생겨나는 것이다. 진화론의 주장에 따르면, 없던 생명이 생겨나고, 없던 복제 능력이 생겨나고, 없던 뇌가 생겨나고, 없던 눈이 생겨나고, 없던 심장이 생겨나고, 없던 뼈가 생겨나고, 없던 다리가 생겨나고, 없던 날개가 생겨나고, 없던 지성이 생겨난다. 그래야 진화다. 똑같이 다리가 있는데 어떤 것은 살아남고 어떤 것은 죽었다면, 이것을 적자생존(자연 선택)이라고 말할 수 있지만, 진화라고 말할 수는 없지 않은가?

별 다른 이유 없이 재수가 좋아서 살아남는 것이 진화인가? 빗발치는 총탄 속에서 살아남은 병사를 진화했다고 하지는 않지 않은가? 화산이 폭발해서 근처에 있던 것들은 죽고, 다행히 폭발 전에 그곳에서 다른 곳으로 이동했거나, 애당초 먼 곳에 살았기에 살아남은 것을 진화라는 말로 설명해도 되는가? 화산 근처에 있었지만 운 좋게도 살아남은 것을 자연 선택이라고 말할 수는 있겠지만, 이것을 진화론적 현상라고 말하기는 좀 그렇지 않은가?

자연 선택(적자생존)은 환경에 적응하지 못하는 생명은 죽고 적응하는 생명은 살아남는다는 것이다. 적응하지 못해서 죽는 것은 진화가 아니다. 부적응이다. 타고난(창조된) 신체적(유전적) 특성으로는 감당할 수 없는 환경에 운 나쁘게도 놓이게 된 것이다. 적응해서 살아남는다는 것은 없던 뭔가가 새로이 생겨나는(진화하는) 게 아니다. 타고난(창조된) 신체적(유전적) 특성으로 감당할 수 있는 환경이기에 적응한 것이다. 대부분은 그렇다.

적응할 수 없는 환경에 놓이게 되는 것은 일반적 경우라기보다는 특수한 경우일 때가 많다. 우리의 삶이 그렇지 않은가? 대개는 적응하는데 적응하지 못하는 특별한 경우가 있는 것이지, 대개는 적응하지 못하는데 적응하는 특별한 경우가 있는 것이 아니다. 또 적응하기 힘든 상황에 놓인다고 해서 모두가 다 적응하지 못하는 것도 아니다. 많은 경우 일부는 못 버티고 죽지만, 또 일부는 버티고 살아남는다. 자기가 가지고 있는 유전적 특성을 한껏 발휘해서 그 상황을 피하거나 극복해 낸 것이다. 그냥 적응이다. 진화가 아니다.

환경이 바뀌거나 개체가 병약해지면 적응했던 생명체가 적응하지 못하고 죽기도 한다. 아니면 좀 더 적응하기 쉬운 환경을 찾아서 이동하기도 한다. 적응하는 방법도 다양하고 적응하는 기회도 역시 다양하다. 애쓰고 노력해서 적응하는 경우도 있지만, 단지 운이 좋아서 적응하는 경우도 있다. 또한 신체적으로 뒤떨어진다고 해서 반드시 맹수에게 잡혀 먹히는 (적응하지 못하는) 것도 아니다. 재수 없게 맹수를 가까이서 만나게 되면 아무리 건강한 놈도 잡아먹힌다.

사실 적응이라는 것이 그렇다. 좋은 환경에 태어나는 운이나 그날그날의 일진이 작용하기 마련이다. 때로는 개인이 타고난 기질이나 그날의 감정적 상태가 적응과 부적응에 영향을 미치기도 한다. 인간들도 흥분해서 객기 부리다 쓸데없이 사고 당하는 경우가 종종 있지 않은가? 자연이 선택하는 게 아니라, 생명체가 살고 죽음을 선택하게 되는 것이다.

소위 '자연 선택' 과정은 퇴화의 속도를 줄일 수 있을 뿐, 진보된 생명체를 만들어 내지는 못한다. 자연 선택이 이뤄져도 유전적 퇴화는 멈추지 않는다. 환경의 변화가 있을 때 그에 잘 적응하는 개체는 성공적인 번식을 통해 자손이 늘어나겠지만, 이는 이미 DNA 안에 있었던 설계에 힘입은 것일 뿐 새로운 정보를 만들어 낸 것이 아니다. 엄밀히 말해 자연 선택은 환경에 적합하지 않은 생물이 도태되는 과정에 지나지 않는다.

"자연 선택은 이미 존재한 것을 보존하거나 파괴시키는 것일 뿐, 새로운 것을 창조하는 게 아니다."

핀치 새는 원래 한 종이었을 것이다. 어딘가에서 날아왔을 것이다. 그런데 그곳 섬의 다른 환경에서 살다 보니 부리가 긴 놈, 짧은 놈, 두툼한 놈 등 다양한 모양으로 변하게 되었다. 자연 환경의 차이가 핀치 새의 부리에 변이를 가져온 것이다. 이런 핀치 새의 다양함을 근거로 생명체의 종의 진화가 가능하다고 다윈은 보았다.

핀치 새의 부리가 커지거나 작아지거나 굵어지거나 할 수는 있다. 그렇다고 그것이 인간의 입술이나 물고기의 입술로 바뀔 수 있는 것은 아니다. 왜 그런가? 유전자 때문이다. 사람의 피부도 검게 희게 노랗게 바뀔 수 있다, 환경의 차이에 의해서. 하지만 그렇다고 그게 새의 깃털처럼 바뀌지는 않는다. 인간의 피부가 변할 수 있는 영역 즉 한계가 유전자에 의해 정해져 있기 때문이다.

유전자가 정한 범위 내에서 환경에 적응하기 위해 신체적 특성을 바꿀 수가 있다. 그렇다 해도 유전자에 정해진 한계를 뛰어넘어 가지는 못한다. 무거운 것을 많이 들면 팔이 굵어지고 높은 곳을 자주 오르면 다리가 굵어진다. 그렇다고 곰의 팔이나 사자 다리가 되는 게 아니다. 이미 주어진 유전자가 허용하는 범위 내에서 환경에 적응하는 것뿐이다. 적응은 진화가 아니다. 다윈은 적응의 근거를 진화의 근거로 착각한(혹은 사기를 친) 것이다.

말의 종자를 개선해서 다리와 근육이 최강인 말을 생산해 내려 한다. 경마에 쓰이는 말들이 그런 것들이다. 그 말의 종자 개량은 유전자가 정한 한계치까지만 가능하다. 그 유전적 범위의 한계치에 이르면, 오히려 말에 문제가 발생한다. 마치 자동차가 정해진 용량 이상으로 계속 속도를 낼 경우, 기계에 무리가 와서 고장나고 말듯이 말이다. 자동차를 아무리 환경에 적응시키고, 충격(돌연변이)을 주어도 비행기가 되지는 않는다.

환경에 따라 생식과 성장을 조절(적응)하는 것은 유전자에 규정된 정보대로 하는 것이다. 유전자 자체를 바꾸는 작업이 아니다. 유전자에 규정된 한계(유전자 풀)를 바꿔서 새로운 종으로 진화(유전자 창조)하는 게 아니라는 말이다. 자동차를 환경에 맞게 튜닝한다고 해서 비행기가 되는 게 아니다. 자동차를 비행기로 진화시키려면 자동차를 뜯어고칠 게 아니라, 자동차의 설계도부터 근본적으로 바꿔야 한다.

진화는 자연이 선택해서 되는 게 아니다. 유전자(설계도)를 바꾸어야 하는 것이다. 그런데 문제는 임의적으로 우연히 발생하는 돌연변이로 유전자를 바꾸려는 시도는 필연적으로 그 생명체를 고장나게 하고 정상 기능을 파괴하는 쪽으로 진행한다. 결국에는 종족 보존이 불가능해지는 것이다. 단순히 자동차의 바퀴를 납작하게 한다고 날개가 되는 게 아니다. 바퀴 하나만 달랑 날개로 바꾼다고 비행기가 되는 게 아니다. 비행기의 설계도에 따라 처음부터 나사 하나하나까지 시시콜콜히 다시 만들어야 한다. 비행기를 만들 수 있는 지성의 치밀하게 계획된 작업이 필요한 것이다.

⑥ 진화론 신념이 만들어 낸 오류

영국의 산업 혁명으로 오염이 심해져 나무를 덮고 있던 밝은 색의 이끼류들은 죽고 검댕이도 증가되어 나무줄기들은 어두운 색으로 변했다.

밝은 색을 배경으로 잘 위장할 수 있었던 밝은 색의 가지나방(후추나방)은 새들에게 더 잘 잡아먹히게 되었다. 그 결과 어두운 색의 나방의 비율이 상당히 증가하게 되었다. 진화의 증거로 교과서에 등장하는 가지나방의 사진이다.

그런데 가지나방은 낮 시간 동안 나무줄기 위에서 쉬지 않는다고 한다. 그렇다면 어떻게 그 모습을 촬영할 수 있었던 것일까? 그 감춰진 비법은 바로 죽은 나방을 나무 위에 접착제로 붙이는 것이었다. 다큐멘터리를 만들기 위해 나무 위에 접착제로 나방 붙이는 작업을 했다는 얘기다.

대기가 맑아지고 나무줄기들이 밝은 색으로 바뀌고 나면 어떤 색깔의 나방들이 증가할까? 밝은 색의 나방들이다. 진화한 게 아니다. 주변 상황의 변화에 따라 생존 비율이 상대적으로 늘었다 줄었다 할 뿐이다. 이전에는 없었던 새로운 유전 정보가 생겨난(종이 변한) 것이 아니기 때문이다.

편도선이나 (맹장 끝에 붙어 있는) 충수 돌기 등은 진화론자들에 의해 (쓸모없는) '흔적 기관'으로서 진화의 증거라고 제시되어 왔다. 그러나 의학의 발달로 인해 그런 것들이 우리 몸에서 중요한 기능을 하고 있음이 밝혀졌다. 돌고래의 주둥이를 따라 위치한 작은 구멍들은 진화의 과정에서 쓸모가 없어진 퇴화된 기관으로 간주되었다. 그러나 최근에 이는 물을 통해 전달되는 전기 신호를 감지하는 기관인 것으로 밝혀졌다.

인간의 게놈 지도가 발표되었을 때, 단백질을 만드는 암호를 가지고 있는 유전자들은 전체 DNA의 3%에 지나지 않는다고 했다. 진화론자들은 나머지 97% 유전자는 진화 과정에서 쓸모가 없어진 〈정크 DNA〉

라 규정하였다. 하지만 2007년 수백 명의 과학자와 엄청난 자금이 투입된 ENCODE 프로젝트를 통해서 게놈이 훨씬 더 복잡한 구조와 기능을 갖고 있음이 분명해졌다. 정크 DNA라는 용어가 얼마나 성급하고 무지한 판단이었는지 밝혀진 것이다. 쓸모없는 DNA란 없다. 인간이 그 기능을 아직 모르고 있을 뿐이다.

2부

진화론은
과학이 아니다

3. 진화론에는 과학적 증거가 없다
4. 과학적 관찰과 실험들
5. 진화론의 살길
6. 창조론과 지적 설계

3. 진화론에는 과학적 증거가 없다

① 자연 발생설의 추락
  - 파스퇴르의 실험

② 돌연변이의 절망
  - 유전자 정보는 증가하지 않는다

③ 진화론을 가득 채운 기적들
  - 우연의 창조

④ 지질 주상도(지층 연대표)라는 공수표
  - 상상 속의 연대

⑤ 진화 계통나무의 실체
  - 텅 빈 중간고리들

⑥ 방사성 연대 측정법의 진실

① 자연 발생설의 추락 – 파스퇴르의 실험

다윈이 『종의 기원』을 썼던 그 즈음에, 파스퇴르는 무생물에서 생물이 나올 수 없음을 과학 실험을 통해 입증했다. 그런데 수십억 년이라는 시간만 주어지면, 파스퇴르가 과학 실험을 통해 부정한 것을 가능한 것으로 만들 수 있다고 한다. 그게 바로 진화론의 자연 발생설이다. 정말 비과학적인 이론이지 않은가? 진화론이 비과학적이라니? 그렇다면 다윈 이후 숱한 과학자들의 진화에 대한 연구가 헛된 것이란 말인가? 감히 어찌 그런 발칙한 망상을 할 수 있는가? 그 발칙한 생각의 정당성을 한번 꼼꼼히 검토해 보자.

자연 발생설
- 진화(무작위/우연)는 부인할 수 없는 과학적 사실인데, 단지 어떤 과정으로 진행되었는지 모를 뿐이다. (도킨스가 이렇게 말했던가?)
  ⇒ 오랜 시간 동안 우연이 천지를 창조하였다.
- 창조(의도/설계)는 부인할 수 없는 과학적 사실인데, 단지 어떤 과정으로 진행되었는지 모를 뿐이다. (도킨스 방식으로 말할 수 있다.)
  ⇒ 태초에 신이 천지를 창조하였다.

자칭 과학이라는 진화론의 핵심 가설 중 자연 발생설(우연설/무작위설)의 과학성에 대해 한번 살펴보자.

〈저절로 만들어진다. 그것도 무생물에서 생물이?〉

이는 과학 법칙(파스퇴르의 법칙/생명은 생명에서)에 어긋난다. 과학이 과학 법칙에 어긋난다면 뭔가 해명을 해야 하지 않을까? 그래서 나온 설명이 일회적으로 발생했다는 것이다. 일회적인 경험이라는 게 과학의 대상이 되는가? 그렇다면 예수의 부활도 과학적이다. 예수의 부활이 과학적이지 못한 이유는 예수에게 한번 발생했기 때문이다.

단순한 물질이 생물이 되는 것보다는 죽은 시체가 생물이 되는 게 훨씬 확률적으로 가능한 일이다. 그리고 시체도 무생물(물질)이다. 그러므로 시체의 살아남(부활)은, 무생물(물질)의 살아남(생명 자연 발생설)이라는 진화론의 전제와도 부합한다.

과학이라고 자처하면서 그냥 수십억 년 전에 우연히 딱 한번만 그렇게 되었다고 우기기만 하면 되는 것인가? 진화론에서는 수십억 년이라는 시간이 만병통치약, 기적의 마술 지팡이다. 수십억 년 전이라니까 어찌된 일인지 가능할 것 같은 생각이 들게 만든다.

〈단백질 쪼가리가 우연히 좌충우돌하면서 조립되어 우주선보다 복잡한, 자기 복제 능력을 갖춘 세포가 만들어졌다.〉

그게 우리가 지금 살고 있는 현실 경험 세계에서 가능한가? 그때에는 뭔가 다른 환경과 법칙이 작용해서 가능했다고 말하거나, 수십억 년이라는 오랜 시간이라면 가능해진다고 말한다면 그게 바로 초자연(기적)이다. 지금의 자연적 경험과 다르기 때문이다. 이런 점에서 보자면 진화는 과학이 아니라 기적(혹은 망상)이거나 신앙이다. 과학이란 지식은 감각으로 확인되는 현실 경험에 한정된다. 그 한계를 넘어서면 위험해진다. 그 너머는 그냥 신앙이고 기적이다. 진화론이 과학이 아닌데 자꾸 과학이라고 우기는 처절함의 이유가 뭔가?

대립되고 있는 두 가지의 전제는 다음과 같다.
- 신(설계/의도대로 구조가 만들어짐)은 안 보여(경험 불가).
- 우연(그냥 좌충우돌하다 보니 구조가 만들어짐)은 안 보여(경험 불가).

자동차(쇳덩어리)를 보고 우연히 만들어졌다고 주장하던 어떤 유원인이 마침내 자동차가 우연히 만들어진 증거를 찾았다. 흙과 돌 속에서 쇠의 실마리를 발견한 것이다. 철광석이 용암에 녹아 식으면서 쇠가 만들어지는 것을 보는 순간 유원인은 감동했다. 드디어 철광석이 자동차로 진화했음을 입증하는 증거를 찾은 것이다.

그러나 철광석에서 쇠가 만들어지는 것과 쇠가 자동차로 진화하는 것은 전혀 별개의 문제다. 자동차에는 쇠가 가지고 있지 않은 설계된 질서와 기능적 구조가 있기 때문이다. 키를 돌리면 시동이 걸리고, 버튼을 누르면 음악이 나오고, 기어를 바꾸면 앞으로 뒤로 움직이고, 핸들 조작에 따라 좌회전 우회전 하고 등등.

물론 가능성이 전혀 없는 것은 아니다. 수십억 년의 비바람에 깎이고 다듬어지고, 알 수 없는 어떤 원인에 의해 변형되는 돌연변이 같은 현상들이 발생하다 보면, 자동차 부품으로서 적합한 모양들이 만들어질 수도 있으며, 그것들이 지진이나 태풍과 같은 이런저런 충격에 의해 왔다 갔다 하다 보면 적절한 자리에 꿰맞춰질 가능성도 있기에 불가능한 것은 아니다. 다만 개연성이 희박할 뿐이다.

〈개연성이 희박하다고 불가능이라고 말해서는 곤란하다. 그건 과학이 아니다.〉 (도킨스)

그런 식의 논리대로라면, 자동차 바퀴가 안 굴러가고 오디오의 소리가 안 날 때 쾅쾅 치니까 어쩌다가 바퀴가 구르고 소리가 났다고 해서, 충격이 바퀴와 오디오를 진화시킨다고 말하는 것 역시, 개연성에 바탕을 둔 우연과 통계에 근거한 과학적 이론이라 우겨도 된다.

기원에 대한 지식은 어차피 상상(믿음)으로서, 반복해서 경험할 수 없는 것임으로 선택의 문제이다. 다음 중 어느 상상이 삶과 영혼에 더 유익하고 우리가 바라는 것일까?

- 도덕이란, 우연히 생긴 것이니 적당히 해. 유색인, 장애자, 가난한 자. 모두 적자생존이야. 능력 있는 자만이 살아남으면 돼.

이렇게 외치는 사회에서 살고 싶은가?

- 도덕이란, 신의 명령이니 제대로 해. 유색인, 장애자, 가난한 자. 모두 신의 뜻이 있는 거야. 함부로 쓸모없다거나 무가치하다고 예단하지 마.

이렇게 외치는 사회에서 살고 싶은가?

단백질 만들기

최초의 세포는 어떻게 발생했을까? 세포를 이루는 요소인 단백질은 아미노산으로 구성되어 있다. 자연에는 300개 이상의 아미노산이 존재하지만 단 20개만이 생명체에 사용된다. 하나라도 엉뚱한 아미노산이 끼어들면 단백질은 제대로 기능하지 못한다. 그리고 단백질은 적게는 50개에서 많게는 3만 개가 넘는 아미노산으로 구성되어 있다. 이 아미노산들은 특정한 순서대로 조립되어야 한다. '코스모스'의 저자인 세이건은 100개의 아미노산으로 구성된 단백질 하나가 우연히 만들어질 확률을 $\frac{1}{10^{130}}$로 계산했다.

　태양계(반지름 60억㎞)만한 크기의 운동장에 1m 간격으로 수많은 사람들이 서 있고 그 중에 한 사람이 나라고 가정해 보자. 그런데 이 운동장에 가로, 세로, 높이가 각각 1m인 물체가 날아와서 우연히 5번 연달아 나를 맞힐 확률이 우연히 100개의 아미노산으로 만들어진 단백질이 만들어질 확률보다 더 높다. 그런데도 만약에 그런 일이 실제로 발생했다면 그것은 우연히 발생한 것이 아니라 누군가(알 수 없는 어떤 존재)가 고의로 혜성을 가지고 나를 향해 정조준해서 쐈다고 믿는 것이 훨씬 더 합리적인 생각이다.

　생명을 구성하는데 필요한 아미노산이 하나도 아니고 각각의 종류별로 우연히 생겨났고, 우연히 생겨난 그 아미노산들이 정해진 순서대로 결합하여 단백질이 우연히 생겨났고, 원시 수프의 바다라는 가혹한(?) 환경에서도 그 단백질이 분해되지 않고 다른 단백질이 생겨날 때까지 우연히 살아남았다? 그리고 그 단백질들이 우연히 모여서 복잡한 순서대로 우연히 결합해서 마침내 세포가 우연히 만들어졌다? 철광석 광산에서 우연히 저절로 오랜 시간이 지나는 동안 서서히 조금씩 자동차가 만들어졌다고 하는 게 훨씬 더 가능성 있는 얘기다.

어찌어찌해서 단백질 하나가 만들어졌다고 하자. 그래봐야 단백질 하나다. 세포가 아니고 그냥 단백질 하나다. 가장 간단한 세균이 625개의 단백질로 이루어져 있다. 이 단백질 하나가 세포를 만들기 위해 필요한 몇백 개의 친구 단백질이 생길 때까지 그곳에서 얌전히 기다렸다는 것인가? 썩거나 손상되지 않고 말이다. 우연은 결코 그것을 보장해 주지 못한다. 우연히 생겨났으니 우연히 없어져 버린다. 그 엄청난 확률의 기적이 수백 번 다시 발생했거나, 아니면 그 엄청난 확률의 기적이 동시다발적으로 수백 개 발생했다는 얘기인가? 그게 우연인가? 기적이고 초자연이라고 하는 게 정직하지 않은가? 과연 그런 얘기를 정말 과학적이라고 믿는다는 것인가?

확률의 유형

"6면체 주사위를 100번 굴리고 그 결과들을 나열한다면 1-3-1-2-6-2-3-4-5-2-4-5 ~ 같은 배열이 나온다. 그렇다면 이 결과가 나올 수 있는 확률은 $\frac{1}{6^{100}}$ 이 되는데, 이건 실질적으로 말이 안 되는 확률이 된다. 그러나 우리는 이런 배열의 주사위 결과가 이미 나온 것을 알고 있다. 즉 어떤 결과를 정해 놓고 그 결과가 산출될 수 있는 확률을 계산하는 것은 무의미하다. 자연에서 생명체의 진화는 어느 한 결과를 위해 진행 되는 것이 아니라 진화의 결과가 현재인 것을 이해하지 못하는 – 그리고 아마 진화론에 대한 이해가 부족한 – 창조설 주장자들의 오류이다."

간단히 요약하자면 '진화를 통해 생명체가 발생 할 확률은 불가능할 정도로 매우 낮지만, 이미 생명체가 존재하므로 진화가 일어난 것이다'라는 말이 된다. 진화가 어떻게 일어날 수 있느냐고 물었는데 '진화가 일어났으니 진화가 일어난 것이 맞다'는 순환 논증의 오류다. 이런 식의 주장은 확률에 대한 무지함에서 비롯된 것이다. 주사위 굴리기를 통해 어떤 숫자가 나오는 확률은 100% 확률이다. 1에서 6 중 어떤 숫자든 반드시 나온다는 점에서 확률 100%이다. 숫자가 안 나올 수가 없다. 필연 확률이다.

내가 복권에 당첨될 확률과 내가 비행기 사고를 당할 확률은 서로 비교 가능한 것일까? 누군가가 복권에 당첨될 확률은 100%(필연)확률이다. 누가(어떤 번호가) 당첨되든 반드시 당첨되기에 그렇다. 다만 그 당첨자가 나냐 아니냐의 문제가 있을 따름이다. 그러나 비행기 사고가 날 확률은 50%(비필연) 확률이다. 비행기 사고는 반드시 나는 게 아니다. 사고가 날 수도 있고 안 날 수도 있다. 아예 사고가 나지 않는다면, 내가 사고 당할 확률(사고에 내가 포함될 확률)이라는 게 아예 성립되지 않는다. 사고 자체가 없기 때문에 그렇다. 먼저 사고가 난 이후에라야 비로소 내가 사고를 당할 확률이라는 게 성립된다. 둘은 서로 비교 불가능한 다른 종류의 확률이다.

주사위 굴리기 확률과 단백질 생성 확률도 서로 다른 종류의 확률이다. 둘을 같은 방식으로 논증할 수가 없다는 얘기다. 주사위 굴리기 확률은 복권 확률과 같은 유형인 100%(필연) 확률이다. 반드시 무슨 숫자든 정해진 범위 안의 숫자가 나오게 되어 있다. 숫자가 안 나온다는 상황은 발생하지 않는다.

반면에 단백질 생성 확률은 비행기 사고 확률과 같은 유형인 50%(비필연) 확률이다. 내가 사고 당할 확률의 전제인 비행기 사고가 발생할 수도 있고 발생하지 않을 수도 있는 것처럼, 단백질 생성 확률의 전제인 아미노산의 결합 역시 발생할 수도 있고 발생하지 않을 수도 있다. 두 사건에 적용된 확률의 종류가 전혀 다른 것이다.

　게다가 주사위 굴리기 확률은 첫 번째 주사위 굴리기에서 1이라는 숫자가 나왔다고 했을 때, 이것이 끝까지 보존된다. 두 번째 주사위를 굴릴 때 첫 번째 나왔던 숫자가 바뀌는 게 아니라는 말이다. 두 번째 2가 나오면 주사위 숫자는 1, 2로 고정된다. 세 번째 숫자가 3이라면, 1, 2, 3이 되는 것이다. 두 번째 주사위를 던질 때 첫 번째 1이 나왔던 주사위가 다른 다섯 가지의 숫자 중 하나로 바뀐다거나 아예 숫자 자체가 사라져 버리는 상황이 절대로 발생하지 않는다.

　그러나 단백질 생성 확률은 매번 새로운 요소가 생길(무작위적 운동) 때마다 이전에 생겼던 요소가 변하지 않고 끝까지 보존되도록 보장되는 게 아니다. 언제든지 이전에 생겼던 요소가 사라지거나 변형될 수가 있다는 말이다. 우연히 생긴 것이니 우연히 사라질 수가 있다. 또한 우연히 엉뚱한 것으로 변형될 수가 있다. 그 경우의 수는 무궁무진하다. 주사위처럼 1, 2, 3이런 식으로 우연히 나온 숫자가 주사위 던지기가 끝날 때까지 보존되는 게 아니라는 말이다.

　단백질 생성에 필요한 아미노산이 우연히 하나 생겼다고 하자. 두 번째 아미노산이 생기는 순간까지, 첫 번째 생겼던 아미노산이 우연히 사라질 수 있다. 가능성이 아주 높다. 다행히 우연히 보존되어 있었다고 하자. 세 번째 아미노산이 생기는 순간까지, 첫 번째 아미노산과 두 번째 아미노산이 우연히 변형되거나 사라지는 경우의 수가 무수히 존재한다. 네 번째, 다섯 번째, 여섯 번째... 질서가 늘어남에 따라 거기에 맞춰서 질서가 망가지는 경우의 수는 점점 더 증가한다. 매 순간마다 이전에 생겼던 모든 질서가 우연히 변형되거나 망가지거나 사라질 확률이 우연히 원형대로 보존될 확률보다 거의 무한급수적으로 커지게 된다. 우연은 아무 것도 보장할 수가 없다.

그러니 주사위 굴리기 확률에 대한 논증을 근거로 진화의 정당성(단백질의 형성 확률)을 주장하려는 것은 논리적 오류이다. 이게 이해하기 어려운가?

그렇다면 경험적으로 실감나게 똑같은 논법으로 자동차나 우주선이나 로봇의 진화에 대해 얘기해 보자.

"자동차가 우연히 저절로 진화했다."

"말이 되는 소리를 해라. 그게 가능하냐? 철광석 광산에서 우연히 자동차 부품이 만들어지고, 그 부품들이 서로 제 위치를 찾아서 우연히 저절로 조립될 확률이 얼마나 될까? 그런 일의 발생은 확률 상 불가능해. 자동차는 진화한 게 아니야. 누군가 만든 거지."

"무슨 소리야. 우리는 그런 말도 안 되는 확률로 자동차가 이미 진화한 것을 알고 있어. 그러니 그 결과(자동차)를 정해 놓고 그 결과가 산출될 수 있는(자동차가 저절로 진화 할 수 있는) 확률을 계산하는 것은 무의미해. 자동차는 철광석 광산에서 우연히 저절로 진화했다고. 즉 진화의 결과(자동차)가 현재임(존재함)을 이해 못하는 너의 오류야."

과연 자동차나 우주선이나 로봇의 복잡한 내부 구조를 알면서도 오래 전에 철광석 광산에서 우연히 저절로 서서히 진화했을 것이라는 설명에 동의하는 사람이 세상에 있을까? 확률은 이미 발생한 것을 논하는 게 아니다. 이미 발생한 것은 확률 상 1이니, 더 논할 이유가 없다. 발생하지 않은 것이 발생할 수 있는 가능성을 따져보는 게 확률이라는 방법이다.

무신론자였던 프레드 호일은 생명이 우연히 저절로 발생할 확률을 계산하던 중, 그 확률이 $\frac{1}{10^{40000}}$ 이며, 이는 우주의 역사 이래로 그 어디에서도 발생이 불가능한 확률임을 깨닫고 창조주가 있다는 결론을 내리게 되었다.

"생명이 우연히 생겨날 확률은 수많은 부속품이 쌓여 있는 고물 야적장에 회오리 바람이 불어와서 모든 부품을 하늘로 올려 보낸 후, 이 부품이 땅바닥에 떨어지면서 단 한번 만에 우연히 보잉 747 점보 여객기가 조립될 확률보다 더 작다."

생명이라는 것은 그 만큼 복잡한 구조 즉 상상을 초월할 정도로 복잡한 구조라는 말이다.

"수많은 연속적인 작은 수정에도 생길 수 없는 복잡한 구조가 존재한다는 것이 밝혀진다면, 나의 이론은 완전히 깨질 것이다." (찰스 다윈)

다중 우주 논증

〈충분한 시간만 주어진다면 '불가능한 일'은 가능하게 되고, 가능한 일은 있을 법하게 되고, 있을 법한 일은 사실상 확실한 것처럼 된다. 시간은 그 자체가 기적을 연출한다.〉

진화론자들의 말대로 과연 140억 년 동안이라면 우주에서 생명이 우연히 저절로 생겨날 수 있을 만큼 충분한 시간일까? 140억 년은 무한대에 가까운 시간이다. 하지만 그 시간조차도 뎀스키의 계산에 따르자면 확률적으로 볼 때, 번식 가능한 세균 한 마리가 진화하기에도 너무나 부족한 시간이다.

그래서 나온 해결책이 우리가 사는 우주 이외에도 또 다른 우주가 수없이 많을 것이라는 상상이다. 생명 진화가 가능한 경우의 수에 도달할 수 있을 만큼 말이다. 소위 다중 우주론이다. 문제는 결코 관찰 가능하지 않다는 약점이 있을 뿐이다. 이 정도면 종교 아닌가?

진화론자들은 백화점에 있는 한 벌뿐인 옷이 내게 딱 맞는다면 놀랍고 불가능한 일일지 모르나, 백화점에 있는 수백 벌의 옷 중에 내게 딱 맞는 옷이 있다고 하면 놀랍지만 불가능한 일은 아니라고 말한다. 마찬가지로 우리가 보지 못하는 엄청나게 많은 우주가 있다면, 그것들 중 하나(우리 우주)에서 우연히 생명이 가능하게 하는 맞춤 설계나 미세 조정된 구조를 발견하더라도 결코 놀라운 일은 아닐 것이란다. 우주의 숫자를 늘리거나 시간의 길이를 늘이기만 하면, 생명의 탄생이 놀랍지만 불가능한 일이 아니라는 것이다. 과연 그럴까? 이들은 잘못된 비유를 하고 있다. 단지 늘린다고 해서 해결되는 게 아니다.

나에게 딱 맞는 옷이 우연히 만들어졌다. 어떻게 만들어졌는가? "보이지 않는 어딘가에 우연히 만들어진 '수많은 옷'(다중 우주)이 있다. 그렇기에 나에게 딱 맞는 옷이 우연히 만들어졌다는 게 이상한 일이 아니다." 이게 말이 되는 논증인가? 엉뚱한 주제로 논점을 바꿨다. 옷이 적게 있느냐 많이 있느냐의 문제가 아니다. 옷이 과연 우연에 의해 만들어졌는가의 문제다. 옷이 하나밖에 없다면 어렵겠으나, 옷이 아주 많다면 우연에 의해 만들어질 수 있다? 이게 도대체 무슨 황당한 논법일까?

우연은 어떤 옷도 만들지 못한다. 그런데 '충분히 많은 옷이 있(우연에 의해 만들어졌)다면'이라고 가정하는가? 어디서 우리는 그런 경험을 할 수가 있는가? 그런 관찰이 가능한 상황이 도대체 어디에 있었는가? '우연에 의해'라는 설정 자체가 초자연적(기적)이다. 우연에 의해 한 벌의 옷이라도 만들어지는 것을 자연에서는 결단코 관찰할 수가 없기 때문이다.

    하물며 '수많은 옷이 우연에 의해 만들어졌다면'이라는 가정을 어떻게 할 수 있다는 말인가? 그에 앞서서 옷이 하나라도 우연에 의해 만들어지는 것을 경험해야 할 거 아닌가? 옷 하나가 우연에 의해 만들어졌다면, 충분한 옷이 우연에 의해 만들어질 수도 있을 거라는 명제는 논리적으로 맞다. 하지만 충분한 옷이 우연에 의해 만들어졌다면, 옷 하나가 우연에 의해 만들어질 수 있다는 명제는 정말 바보 같거나 무의미한 논리이다.

    한 벌의 옷이든 수백 벌의 옷이든 인간의 체형이라는 것을 염두에 둔 지성이 개입하였기에 백화점에 진열되게 된 것이다. 오랜 시간이 흐른다 해서 우연히 저절로 옷이 만들어지는 경우는 백화점이든 저 멀리 은하계서든 존재하지 않는다. 한 벌뿐인 옷이 내게 맞는 것이든 오백 벌의 옷 중에 하나가 내게 맞는 것이든, 사람을 겨냥해서 만들어진 옷이기에 내게 맞는 것이다. 히말라야 산중이나 달이나 은하계나 우주 공간 어딘가에 가서 내게 딱 맞는 옷을 찾으려는 것이 과연 제정신이 있는 사람이 할 행동인가?

    사람의 몸이라는 목적이 없다면, 사람의 몸 치수에 대한 연구와 경험이 없다면, 서로 다른 다양한 사이즈 형태의 옷을 만들겠다는 의도를 갖지 않는다면, 백화점에 내게 맞는 옷이라는 게 존재할 리가 없다. 우연이라는 게 옷이라는 걸 만들어 내는 것도 불가능하거니와 설령 만들었다고 하더라도 맨날 똑같은 옷만 만들지 말란 법도 없기 때문이다.

우연이라는 것은 복잡한 옷 같은 뭔가를 만들어 내지도 못한다. 뭔가를 만들어 낼 수 있는 경우의 수가 무한대로 늘어나기 때문이다. 무한 분의 1이라는 확률이 가능한 것인가? 게다가 뭔가를 만드는 운동이 있다면 부수는 운동은 훨씬 더 많이 있다. 어쩌다 실 비슷한 게 만들어지려고 하면 그걸 망가뜨리는 운동이 숱하게 발생하고 만다. 우연이라는 게 만들어 낸 정교한 단추나 지퍼 하나라도 찾아낼 수 있다면, 우연에 의한 옷의 창조를 기대해 볼 수도 있으련만….

백화점에 있는 옷은 한 벌이든 수억 벌이든 사람의 치수를 겨냥한 지성의 산물이기에 진화의 가능성과는 전혀 관계가 없는 거다. 바닷속이나 태양계 행성이나 우주 어딘가 은하라는 곳에서 내게 딱 맞는 옷을 발견하는 게 가능할까? 거기에 옷이라는 게 있기나 하는 것일까? 그게 가능하다고 믿는 것이 바로 우연과 오랜 시간이 생명체를 창조할 수 있다는 믿음(진화론)의 실체다.

헉슬리에 따르면 다윈주의는 생명체의 창조주로서의 신이라는 개념을 이성적 논의에서 제거했으며 초자연적 설계자는 필요치 않게 만들었다고 주장했다. 대신에 그는 우연이라는 초자연적 우상을 독단적 맹신에 의거해 이성적 논의에 도입했다. 그럼으로써 우연과 오랜 시간이 비바람의 침식과 지진의 흔들림과 화산의 활동과 번개 등을 통해서 알려지지 않은 방식으로 서서히 건축물과 우주선과 로봇을 만들어 낸다는 진화 과학(?)을 창조해 냈다.

우연은 초자연(기적)이다. 인류가 현실적으로 직접 경험하고 관찰하는 바에 의하면 우연은 정보를 생성할 수 없기 때문이다. 우연에 의해 생긴 법칙은 우연히 파괴된다. 설령 우연히 법칙이 만들어지더라도 그 법칙의 정당성은 언제 우연히 부정될지 모르기에 법칙이 아닌 우연적 현상일 뿐이다. 계속 바뀌고 변하는, 신뢰할 수 없는 순간의 연속에 불과한 것이다.

다중 우주라는 설정은 철저하게 초자연적이다. 수많은 옷(다중 우주)이 진열된 진열장이 도대체 어디에 있는가? 알 수 없는 어느 곳에, 결코 우리가 경험하지 못하지만, 그럼에도 불구하고 있다고 믿는 것이 철저하게 자연주의적이라는 과학의 정체인가? 자연주의라는 명칭을 붙인 기적일 뿐이다. 언어적 사기다. 우리가 자연에서 분명히 관찰하고 있는 바는, 내게 맞는 옷(우주) 하나밖에 없다는 사실이다. 생명이 존재 가능하도록 미세 조정되어진 단 하나의 우주만을 우리는 경험하고 관찰할 수 있을 뿐이다.

다중 시계 논증

다중 우주론의 논법으로 스위스 시계의 기원을 설명할 수가 있다. 이름하여 다중 시계론이다. 정교하게 작동하는 스위스 시계가 하나 있다. 스위스 시계는 오랜 시간 동안 우연히 저절로 만들어졌다. 그 정교한 부품들이 우연히 저절로 생겨나고, 우연히 저절로 완벽한 질서 속에 조립되어 정확히 작동하는 시계가 우연히 생겨날 가능성이 무한히 무한히 무한히 낮아서 누군가가 설계해서 만든 것 같다. 그렇다고 해서 그것을 설계하고 만든 지적인 존재가 있다고 가정할 이유는 없다. 그러므로 분명히 망가진(이상한 부품에 조립되다 실패한) 시계들이 무수히 많이 비누 거품 일듯이 우연히 저절로 생겨났을 것이다. 그렇게 무수히 많은 망가진 시계들이 저절로 생기다 보면, 완벽하게 제대로 작동 하는 시계가 하나쯤 생겨날 수도 있다. 스위스 시계가 우연히 저절로 생겨났다고 가정하지 못할 이유가 있겠는가? 스위스 시계는 오랜 시간을 걸쳐서 진화한 것이다.

다중 우주의 위험

우주가 균형 잡혀 있다(미세 조정)는 사실에 대해 진화론자들은 거북해 한다. 왠지 설계된 것처럼 보인다는 의미가 되고 이는 창조주인 신의 존재로 이어지기 때문이다. 우주 기원에 대한 설명은 지적인 설계(신)을 가정하거나 아니면 그걸 피하기 위해 무한한 다중 우주(우연)를 가정하는 수밖에 없다.

문제는 누구도 다중 우주의 존재를 입증하거나 반증할 수 없다는 사실이다. 다중 우주가 실재하든 안 하든 인간은 이를 관측할 수가 없다. 관찰이 불가능한 것을 과학이라 해도 되는 것일까? 과학은 실험하고 관찰을 통해서 반복 경험이 가능해야 한다.

게다가 다중 우주는 과학에 큰 문제를 가져온다. 만약 다중 우주가 사실이라면 과학이라는 이름으로 쌓아둔 지식은 아무 의미가 없는 것이 되고 만다. 무한한 다중 우주에서는 어떠한 우연도 일어날 수가 있다. 무한한 시도에 의해서 절대로 일어날 수 없을 정도로 무한히 작은 확률을 가진 사건(우주 질서와 생명체의 탄생)도 일어날 수 있다면, 도대체 자연의 법칙이라는 게 가능한가? 우연히 무슨 일이든 일어날 수 있는데, 과학 지식을 근거로 예측한다는 게 무슨 의미가 있는가?

"우리는 우주의 물리학이 다중 우주를 지지한다고 말할 수 없다. 왜

냐하면 다중 우주를 주장하는 것이 우주와 물리학을 가짜로 만들어 버리기 때문이다." (폴 데이비스)

다중 우주는 우주 미세 조정에 대한 논쟁에서 무신론자들이 패배했음을 암묵적으로 인정하는 것이다. 미세 조정의 증거가 너무나 압도적이어서 이를 우연에 의해서라고 말할 수가 없다는 말이다.

볼츠만 두뇌의 역설

갑자기 허공에서 초콜릿이 짠하고 나타날 확률이 0%는 아니다. 마찬가지로 우주 공간에 두뇌(혹은 컴퓨터)가 우연히 나타날 확률 역시 0%는 아니다. 무지무지 낮을 뿐이다. 그런데 문제는 이런 일이 우연히 발생할 확률이 우주가 미세 조정되어서 인간이라는 생명체가 나타날 확률보다는 무한히 크다는 사실이다. 즉 확률적으로 보면, 실제로 발생할 가능성이 무한히 높다는 뜻이다.

확률은 적지만 아무 것도 없는 공간에서 초콜릿이 튀어나올 수도 있다. 그렇다면 확률은 적지만 지능을 가진 뇌도 나타났다가 사라질 수 있을 것이다. 이게 바로 볼츠만 두뇌이다. 아무 것도 없는 공간에 뇌가 하나 나타나서 잠시 생각을 하다가 사라지는 것이다.

그렇다면 우리가 사는 세상은 우주에 떠 있는 양자 요동에 의해서 우연히 만들어진 뇌가 만들어 내는 허상(마치 꿈을 꾸는 것처럼, 혹은 컴퓨터 화면에서 게임이 벌어지는 것처럼)이며 우리가 믿고 있는 이 세상이 실제로는 존재하지 않는다는 가설이 가능해진다. 문제는 이 가설을 반증할 길이 없다는 사실이다. 우리가 다중 우주론을 받아들인다면 말이다.

쉽게 말하자면, 우주의 역사에서 사람의 뇌가 우연히 생길(진화할) 확률보다 컴퓨터가 우연히 생길(진화할) 확률이 무한히 훨씬 더 높다. 그러므로 우리가 살고 있는 세상은 컴퓨터 게임 속의 세상이라는 결론이다. 매트릭스라는 영화가 보여 주고 있지 않은가?

우리가 볼츠만 두뇌이거나 볼츠만 두뇌가 아니라는 것을 입증하는 것은 불가능하다. 단지 지금 내가 영화 한 편을 보고 난 다음에도 사라지지 않고 있으니, 볼츠만의 두뇌(의 생각 내용)가 아닐 거라고 위안을 얻을 수는 있다. 하지만 분명한 것은 내가 방금 전에 영화 한 편을 본 기억을 가진 채로 우연히 생겨난 볼츠만 두뇌(의 생각 내용)일 확률이 내가 이 우주와 함께 실제로 존재할 확률보다 무지무지 더 높다는 사실이다.

② 돌연변이의 절망 – 유전자 정보는 증가하지 않는다

유전자가 어떤 요인에 의해 변형되는 것이 돌연변이다. 영화에서는 돌연변이가 인간보다 특별한 능력을 가진 진화된 존재로 그려진다. 현실에서도 과연 가능한 얘기일까? 진화론자들은 돌연변이가 대개는 능력을 저하시키지만, 때로는 어쩌다가 더 나은 능력을 가져다 줄 수도 있다고 본다. 이를 유익한 돌연변이라고 부른다.

진화론의 주장대로 돌연변이에 의해 종의 진화가 이루어지려면, 돌연변이가 생물에게 유리한 쪽으로 일어나야 한다. 진화를 입증해 줄 유익한 돌연변이를 발견하기 위해서 행한 실험 중 대표적인 것이 바로 초파리의 돌연변이 연구이다. 초파리의 세대가 짧기 때문에 실험 대상으로 선택된 것이다. 돌연변이 연구가 계속되었음에도 불구하고 생물이 살아 나가는데 유리한 돌연변이는 좀처럼 나타나지 않았다.

도대체 돌연변이에 의해 생명체가 진화했다는 진화론자의 주장은 어떤 의미일까? 돌연변이라고 하니까 일반 사람들이 듣기에는 뭔가 있어 보인다. 그냥 솔직하고 담백하게 말하자면 돌연변이는 '우연한 사고'이다. 우연한 사고로 새로운 존재가 창조된다는 것이다. '윈도우 XP' 시스템이 무차별적인 바이러스 공격(돌연변이)에 오랜 시간 노출되다 보면, 우연히 '윈도우 10' 시스템으로 업그레이드(진화)된다는 소리다.

어쩌다 컴퓨터 시스템에 사고가 나서 프로그램이 바이러스에 감염되는 일이(돌연변이) 오랜 시간 반복되다 보면, 수만 년 혹은 그 이상의 시간이 지나기만 하면 우연히 '엑셀'이나 '포토샵'이나 '스타크래프트' 프로그램으로 진화해 간다는 소리다. 아주 오랜 시간만 있으면 된다. 알 수 없는 어떤 조건에 의해서 아주 우연히 기적적으로 종의 진화(프로그램의 업그레이드)가 성취되어진다.

자연 퇴화

진실을 말하자면, 돌연변이는 진화가 아닌 퇴화를 일으킨다. 돌연변이는 이미 주어져 있는 유전 정보를 손상시킬 뿐이지, 새로운 유전 정보를 창조(진화)하는 것이 아니다. 진화론자들은 생존 경쟁에서 유리하게 만드는 돌연변이가 발생하면 자연 선택을 통해 진화하게 된다고 말한다. 하지만, 돌연변이는 거의 모두가 유해한 방향으로 일어난다. 열역학 제2법칙에 따른 것이다.

　　원자 폭탄이 투하된 히로시마와 나가사키에서 많은 돌연변이가 발생하였지만, 기형아와 백혈병의 증가로 인해 고통 받는 사람들만 늘었을 뿐, 동식물을 포함해 그 어떤 생명체도 돌연변이로 인해 보다 진화 발전한 생명체가 되었다는 사례는 없었다.

　　항생제에 내성을 보이는 슈퍼 박테리아를 유익한 돌연변이의 예로 제시하는 이들이 있다. 그 내막을 알고 보면 유익한 것이라 할 수가 없다. 유전자의 손상으로 인해 표면이 매끄럽지 못하고 암 조직같이 울퉁불퉁 건강하지 못한 모습을 하고 있다. 세포벽이 손상되어 독성 물질이 세포벽의 구멍을 통해 침투하지 못하게 된 것이다. 몸에 생긴 장애 때문에 생명을 건진 경우다. 팔이 잘려서 팔 부러질 일이 없다고 자랑하며 이를 진화라고 할 것인가?

　　아프리카 일부 부족들에게서 나타나는 '겸상(낫 모양) 적혈구 빈혈증'도 마찬가지의 경우이다. 그들은 돌연변이로 인해 낫 모양의 적혈구를 갖게 되었고 그 덕분에 말라리아에 잘 걸리지 않게 되었다. 적혈구가 병들어서 말라리아가 적혈구에 기생하지 못하기 때문에 나타나는 현상이다. 적혈구가 산소를 제대로 운반하지 못해서 빈혈 증상을 보이고, 젊어서 사망할 확률이 급격히 높아지는데도 이것을 유익한 돌연변이라 해야 할까? 자연 선택에 의한 진화라고 말해야 할까?

　　"돌연변이는 생존 능력의 약화, 유전적 질병, 기형을 만들기 때문에 그런 변화는 진화를 일으키는 요인이 될 수 없다." (진화론자 도브잔스키)

"대개의 돌연변이는 해롭게 나타나고 유익한 변이는 극히 드물기 때문에 돌연변이가 다 해롭다고 생각해도 좋다." (초파리 연구로 유명한 진화론자 뮐러)

진화론이 믿는 '자연 선택'은 유전자의 퇴화 속도를 줄일 수 있을 뿐이다. 더 나은 새로운 기능을 갖춘 진화된 유전자를 창조하지는 못한다. 그렇다고 자연 선택이 유전적인 퇴화를 멈출 수 있는 것도 아니다. 환경의 변화에 적응하는 것은 유전자에 주어졌던 기능을 발휘한 때문이지, 유전자에 없던 새로운 기능을 창조했기 때문이 아니다. 자연 선택은 도태의 과정일 뿐, 진화의 과정이 아니다.

"자연 선택은 이미 존재하는 것을 보존하거나 파괴시키는 외에 새로운 것을 창조하지는 못한다." (필립 존슨)

불가능성
복권 1등에 당첨되었다. 모두들 운이 좋다고 부러워할 것이다. 두 번째에도 1등으로 당첨되었다. 사람들은 기적이라고 외친다. 그런데 세 번째에도 1등으로 당첨되었다. 사람들이 뭐라 할까? 우연히 자연 선택에 의해 그렇게 되었다고 할까? 분명히 조작이라고 말할 것이다. 어차피 누군가는 당첨되는 것이고 그 당첨이 우연히 내게 세 번 돌아왔다고 해서 이상할 게 뭐 있냐고 반문할 수도 있다. 아주 어렵지만 가능한 일이라고 강변하면서 말이다.

만일 4번째, 5번째에도 당첨된다면 어찌 될까? 그 누구도 우연이라고 자연 선택이라고 하지 않을 것이다. 지적 설계(인위적인 조작이나 의도)가 개입했다고 할 것이다. 유의미성이(정보가) 너무 커졌기 때문이다. 사람들은 조작(설계나 의도)이 있다고 단정한다. 우리가 사는 삶의 현실에 비추어 볼 때, 과학적(관찰과 실험에 근거한 경험)으로 조작이라고 보는 게 합리적이고 타당하다.

"어떻게 다섯 번이나 연속으로 로또 1등에 당첨될 수 있어? 모든 인류의 관찰과 경험(과학적 판단)에 비추어 볼 때 불가능한 현상이다. 오직 지성 있는 존재(인간)의 개입이 있어야만 가능한 일이다. 주최 측의 농간 즉 조작이다"

주사위를 여섯 번 던졌더니 5 3 1 4 3 6 이라는 순서로 나왔다고 말하면, 아무도 의심하지 않는다. 여기에는 정보(질서)가 없기 때문이다. 무작위적이라는 얘기가 먹히는 것이다. 그러나 1 2 3 4 5 6 이라는 순서로 나왔다거나 2 2 2 2 2 2 가 나왔다거나 6 5 4 3 2 1 이 나왔다고 하면 모두가 의심의 눈초리로 쳐다본다. 혹은 다시 여섯 번을 던졌더니 처음과 똑같이 5 3 1 4 3 6 이 나왔다고 하면 역시나 사람들은 의혹의 눈을 번뜩인다. 확률적으로 보면 어느 경우나 나올 확률은 똑같은데 말이다.

과연 그 의심이 불합리한 것일까? 그렇지 않다. 그 이유는 질서(정보) 때문이다. 우연(무작위적 행위)은 결코 질서(정보)를 만들어 낼 수 없음을 사람들은 경험적으로 또는 선험적으로 알고 있다. 그 질서(정보)가 복잡할수록 의심의 강도도 커지고, 그 의심의 정당성(타당성)도 높아진다. 정보(질서)의 복잡성이 커질수록 우연히 만들어질 가능성은 점점 더 희박해진다. 그래서 너무나 복잡한 질서는 결코 우연히 생길 수 없다는 결론에 이른다. 이게 인간의 관찰과 경험에 근거한 과학적 사고이다.

시계 부품을 한 통에 넣고 마구 뒤흔들어 대면서 섞었을 때 각각의 시계 부품이 차지하는 위치는 제각각이다. 하지만 그 부품이 순서대로 조립되어서 시계가 작동할 수 있게끔 부품들이 각각의 위치를 잡을 수 있게 될 확률은 어느 정도일까? 불가능이라고 누구나 믿는다. 하지만 시계로 조립될 수 있는 위치나 시계로 조립될 수 없는 무수히 많은 위치들 중 하나, 단순히 그냥 확률로만 본다면 똑같다. 다시 말해서 시계로 조립되는 경우의 확률이나, 조립되지 않는 수많은 경우들 중 한 경우의 확률은 같다는 얘기다. 이를 근거로 해서 시계가 통의 오랜 무작위적인 움직임에 의해 조립될 수 있다고 주장하는 것을 과학적 입증이라고 하지는 않는다. 확률에 대한 오해일 뿐이다. 시계를 이루고 있는 수많은 질서 중 우연히 조립된 어느 한 부분은(질서는) 다른 질서가 더해지기도 전에 역시 우연히 망가지고 마는 일이 수도 없이 발생하기 때문에 질서의 집적(시계 조립)이 이루어지지 않는다. 그래서 시계(질서의 집적/정보 생성)는 결코 우연에 의해 조립되지 않는다.

정보

화산이 폭발하고 지진이 일어나고 폭풍이 치고 벼락이 치는 과정을 수없이 겪다 보면, 철광석에서 언젠가는 쇠가 분리되고 이 쇠가 갈고 닦여서-정확한 과정은 모르겠으나- 볼트가 만들어질 수 있다. 뿐만 아니라 그 볼트에 딱 맞는 너트도 만들어질 수 있다. 게다가 이 둘이 태풍이나 지진과 같은 것에 의해서 서로 아귀가 맞아 조립될 수도 있다.

더 많은 시간이 흐르면 자연 선택에 의해(우연히) 바퀴도 만들어질 수 있고 체인도 만들어질 수 있고 그래서 이들이 어떤 알 수 없는 조건 하에서 어떤 알 수 없는 운동에 의해 우연히 조립되어지고 마침내 자전거가 만들어질 수 있다. 또 더 많은 시간이 흐르면 돌연한 변화에 의해 우연히 엔진이 생겨나서 자동차로 진화될 수 있다. 또 더 많은 시간이 흐르면 돌연변이에 의해 자동차가 우주선으로 진화할 수 있다.

이게 과학적 주장인가? 자동차가 가지고 있는 정보와 생명체가 가지고 있는 정보를 비교해 보라. 어느 것이 더 복잡한가? 철광석으로부터 자연 선택과 돌연변이에 의해 36억 년 간의 진화 과정을 거쳐서 자동차가 만들어졌다고 믿는 게 정신 나간 짓이라면, 생명체가 자연 선택과 돌연변이에 의해 우연히 물질로부터 만들어졌다고 말하는 것은 더욱 더 정신 나간 짓이다.

흙이 비바람을 맞고 지진과 알 수 없는 운동에 의해 벽돌로 굳어지고 그것들이 지진이나 태풍 등에 의해 저절로 쌓여져서 우리가 살고 있는 집이 되었다는 식의 신앙을 과학이라고 우기는 이들이 바로 진화론자들이다. 집은 단순히 벽돌의 집합이 아니다. 거기에는 유의미한 기능의 집적(정보)이라는 본질이 있는데, 이는 우연(자연의 무작위 운동)이 아니라 지성(건축가)에 의해서만 가능한 것이다.

파스퇴르가 무생물에서 생명이 생겨날 수 없음을 과학적으로 입증하던 때에 생명은 무생물에서 우연히 생겨났다고 믿는 진화론의 교주 다윈은 『종의 기원』이라는 소설을 썼다. 소위 진화론의 경전을 출판하였던 것이다. 자기 생존과 자기 복제(종족 보존)의 능력이라는 것이 알 수 없는 조건에서 우연히 생겨났으며, 오랜 시간이라는 마법이 생명체에 새로운 첨단 기능들을 업그레이드해 왔다며 이를 자연 선택이라고 불렀다.

그러나 자연 선택은 새로운 기능을 업그레이드하는 게 아니라, 적응할 수 없는 종(기능의 부재)이 죽어 가는 과정이다. 자연 도태는 무능한 종의 부적응(파멸)일 뿐이다. 그 종이 그 환경에서 적응하지 못하는 것이지, 유전자 정보 안에 없던 날개나 다리나 뇌나 눈이나 심장을 만들어 가는 과정이 아니다.

아무리 말을 극한 상황에 내몰고 훈련시켜도 결코 사자(새로운 정보 창출)가 될 수 없음을 인류의 경험이 입증하고 있음에도 불구하고, 진화론은 경험이 불가능한 '오랜 시간'이라는 장치를 끌어들임으로써 무작위적인 우연이 복잡한 질서나 정보를 조금씩 만들어 갔다고 주장한다.

DNA는 우주에서 가장 복잡한 분자다. 인간 몸의 DNA 정보를 프린트한다면 그랜드캐니언을 78번 채우고도 남는 분량이라고 한다. 이런 정보가 우연히 저절로 생겨날 수 있다는 믿음은 정말 대단한 광신을 필요로 하는 믿음이지 않을까?

대진화의 가능성

원숭이도 타자를 칠 수 있다. 그러나 소설이나 시를 쓸 수는 없다. 소설이나 시에는 정보가 담겨 있기 때문이다. 원숭이 36억 마리가 타자를 친다면 우연에 의한 정보(문장) 생성이 가능해질까? 원숭이 36억 마리가 36억 년 동안 타자를 친다면, 그 중에 하나는 춘향전이나 홍길동전이나 윤동주의 서시 같은 작품이 써질 수 있을까? 그렇다고 대답한다면 당신은 진화론자이다. 아니라고 말한다면 당신은 진화론자가 아니다.

원숭이가 키보드 문자판을 두드려서 우연히(자연 선택, 돌연변이) 춘향전을 쓸 수 있는 가능성과 아미노산들이 우연히(자연 선택, 돌연변이) 결합해서 생명체를 만들 수 있는 가능성 중 어느 쪽이 더 가능할까? 어느 쪽도 불가능하다. 양쪽 모두 지성(지적인 의도와 설계)이 결여되어 있기 때문이다.

설령 그 무수한 원숭이의 타이핑 중에 나, 우리, 가방 같은 단어들이 간혹 발견된다고 해서 이를 가지고 원숭이가 서시나 춘향전을 쓸 수 있음을 보여 주는 증거라 주장한다면 정신과적 치료가 필요하다고 봐야 하지 않을까? 이런 억지 비약을 진화론자들은 과학적이라고 말들 하곤 한다.

아무리 쥐꼬리를 잘라도 그 새끼는 꼬리가 있는 채로 태어나고, 아무리 두더쥐가 눈을 사용 안 해도 그 새끼는 어미의 눈 모양 그대로 태어난다. 후천적인 행동은 그 후손에게 이어지는 유전자를 변화시킬 수 없기 때문이다. 아무리 교육을 받고 수양을 해서 인격을 닦아도 그 자식은 원래 애비가 태어날 때 수준으로 태어난다. 후천적으로 얻은 인격 수양의 결과는 그 자식에게 이어지는 유전자(정신)에 영향을 미치지 못하기 때문이다. 한글 프로그램에 바이러스를 계속 심어 넣었더니 마침내 포토샵으로 진화되었다고 하면 믿겠는가? 미쳤다고 할 것이다. 만일 36억 년에 걸쳐서 그렇게 했다고 하면 조금은 믿을 수 있을 것 같아지는가? 과학적이라고 여겨지는가? 그렇다면 진화론의 수법에 말려든 것이다. 36억 년에 걸쳐서 컴퓨터 바이러스에 감염된다고 해도(돌연변이) 한글 프로그램이 포토샵이나 엑셀이나 스타크래프트로 바뀌지는 않는다는 게 과학적 믿음이다. 36억 년이라는 무한에 가까운 시간을 끌어들여서 혹시 될지도 모른다고 유인한다면, 이는 과학이 아니라 사기다.

우연히 세포가 만들어졌다는 이론(신앙)은 요즘 식으로 하면, 철광석 광산에서 우연히 컴퓨터 CPU와 RAM이 만들어졌다는 이론(신앙)이다. 게다가 자기 복제를 가능하게 하는 유전자 내의 정보까지 우연히 만들어졌다는 이론(신앙)은, 윈도우 운영 체제와 그 안에 담긴 온갖 프로그램과 온갖 자료(지식)들이 우연히 만들어졌다는 이론(신앙)과 같다.

오랜 시간(36억 년)만 흐르면 광산이나 원시 수프나 흙속에서 우연히 컴퓨터의 CPU와 RAM이 만들어지고 적자생존, 자연 선택, 돌연변이에 의해(솔직 정확한 표현은 우연히 저절로) 윈도우 운영 시스템과 포토샵 프로그램과 액셀 프로그램과 스타크래프트 프로그램 등이 만들어지는가? 그런 이론(신앙)이 우리의 경험과 관찰에 의해 과학적으로 받아들여질 수 있는가? 컴퓨터가 자연적으로 우연히 만들어지는 것이 세포와 생명체가 자연적으로 우연히 만들어지는 것보다 헤아릴 수 없으리만치 확률적으로 쉬운 가능성이지 아닌가?

컴퓨터가 우연히 자연의 운동에 의해 광산에서 만들어질 수 있다고 주장하면 정신 나간 소리가 되는데, 세포와 생명체가 우연히 저절로 흙탕물(원시 수프)에서 만들어졌다고 주장하면서 과학이라는 단어를 갖다 붙이는 사고방식을 참으로 이해하기 힘들다. 컴퓨터 자연 발생과 프로그램의 우연한 진화가 비과학적 신앙이듯이, 진화론이 말하는 세포 유전자의 자연 발생과 생명체의 우연한 진화 역시 비과학적 신앙에 불과하다. 과학과는 양립할 수 없는 신념이라는 점에서 창조론과 다르다.

우리의 관찰과 경험은 어떤 질서나 정보를 보는 순간 그것을 만들 수 있는 지적인 존재를 추정한다. 빗살무늬 토기 조각을 발견하면 그 아주 간단한 질서와 정보 때문에 사람(지적인 존재)이 살고 있었다고 추론한다. 빗살무늬 토기가 지닌 정보와 질서는 세포와 생명체가 지닌 정보와 질서에 비하면 너무나 단순해서 우연히 비바람에 의해 만들어졌다고 주장해도 믿는 게 가능할 정도다. 세포와 생명체가 우연히 저절로 만들어지고 눈과 심장이 저절로 생겨날 정도라면 사진기나 엔진이 우연히 저절로 생겨나는 것은 너무도 간단하고 쉬운 일이다.

36억 년의 세월이 지난다고 해서 사진기나 자동차 엔진이 광산에서 우연히 저절로 만들어질 수는 없는 것이라면, 살아 있는 세포와 자기 복제 생명체의 자연 발생과 우연 진화는 더욱 더 그러할 것이다. 이게 과학적 이론이다. 우리의 관찰과 경험(과학의 근거)은 자전거에 충격(지진, 벼락, 화산 폭발, 운석 충돌, 태풍 등)을 주면서 36억 년의 세월이 흐른다고 해도 결코 자동차로 진화하지는 못한다는 것을 충분히 입증해 주고 있다.

윈도우 프로그램은 엄청난 개수의 문자(프로그램 언어/ 0과 1)로 이루어져 있다. 원숭이가 무작위로 0과 1을 타이핑(자연 선택)해서 그 프로그램이 만들어질 수 있을까? 진화론의 주장대로라면 가능하다. 그들은 생명체의 유전 정보가 우연히 만들어졌다고 하기 때문이다. 60억 인구가 1년 동안 마구잡이로 타이핑하다 보면, 우연히 프로그램이 만들어지는 일이 벌어질까? 원숭이가 타자기를 마구 두드렸더니, 춘향전이 만들어진다는 건 불가능하다. 만일 60억 마리가 친다면, 그 중에 한 마리 정도는 춘향전과 같은 소설을 만들어 낼 수 있을까? 60억 마리가 36억 년 동안 친다면 가능할까?

더 큰 난관은 유전자가 지닌 정보가 다중적이라는 것이다. 다중적이라는 의미는, 하나의 책을 앞에서부터 읽으니 춘향전이다. 뒤에서부터 읽으니 홍길동전이다. 한자씩 건너뛰며 읽었더니 흥부전이다. 뭐 이런 얘기다. 하나의 메세지가 아니다. 읽는 방식에 따라 다른 메시지가 저장되어 있다는 것이다. 고도의 정보 축적 기술이다. 이게 원숭이들의 무작위 타이핑(돌연변이와 자연 선택)에 의해서 가능할까? 가능하다는 게 진화론의 주장이고 실제로 일어났다는 게 진화론의 믿음이다. 그러나 인간의 관찰과 경험(과학)은 이를 거부한다.

유전자 내에서는 늘 미세한 돌연변이가 일어난다. 그 결과 인간에게 문제가 발생한다. 현대 유전학은 인간이 돌연변이로 말미암아 퇴화하고 있음을 발견하였다. 돌연변이는 진화가 아니라 퇴화를 가져온다. 우리 인간은 조상들로부터 퇴화된 유전자를 받고 태어나 살다가 자신의 유전자에 일어난 미세한 퇴화(돌연변이)를 보태서 후손에게 물려준다. 시간이 흐를수록 세대가 이어질수록 인간은 퇴화하고 있는 것이다.

만일 진화론자가 가정하는 시간만큼 인류가 존재했다면, 100번도 넘게 인간은 멸종했어야 하는데, 왜 안 했을까? 진화론자의 논문이다. 올바른 대답은 그만큼 오랜 시간 동안 인류가 존재한 것이 아니기 때문이다. 최초의 완벽한 유전자로부터, 돌연변이로 인한 미세한 퇴화의 누적이 아직 인류를 멸종에 이르게 할 만큼 오랜 시간이 경과한 것이 아니라는 얘기다. 그게 합리적인 추론이다.

'저절로 유전자 정보가 증가한 사례가 있느냐?'는 대담자의 질문에 대해 자랑스러운 진화론자인 리처드 도킨스는 잠시 멍한 표정으로 아무 대답도 할 수가 없었다. 왜 그랬을까? 이제까지 그런 사례가 하나도 없었기 때문이다. 그럼에도 불구하고 그는 진화론이 과학이라고 우기고 있기에 광신도라 부를 수밖에 없다.

③ 진화론을 가득 채운 기적들 – 우연의 창조

기적
- 가나의 혼인 잔치에서 예수가 기도했더니 물이 변해서 포도주가 되었다.

"이것은 정신 나간 소리다."
- 그런데 기도한 후에 수천 년을 지나면서 물이 서서히 포도주로 변하였다.

"뭔가 그럴듯하다. 과학적이다."
이건 정말 멍청한 생각의 변화이다.
좀 더 확실히 와닿게끔 다시 한번 반복해 보자.
- 개구리에게 키스하니 왕자가 되었다.

"이것은 정신 나간 소리다."

- 그런데 키스 한 후 오랜 시간이 지나니 개구리(양서류)가 사람(포유류)이 되었다.

"뭔가 그럴듯하다. 과학적이다."

무생물이 우연히 세포가 되고, 그 세포가 우연히 자가 증식해서 다세포 생물이 되고, 세월이 지나니까 세포 덩어리에서 우연히 뼈도 생기고 근육도 생기고, 또 세월이 지나자 거기서 우연히 팔 다리 생기고, 그러다가 또 우연히 심장 위 눈 간 등이 생기고, 그러다가 우연히 이성적 사고를 갖춘 인간 뇌도 생겨난다. 이건 시작부터 끝까지 온통 기적투성이다.

현실 자연에서는 결단코 그런 생성(진화/우연의 창조)들이 관찰되거나, 돌연변이 실험을 통해서 성공해 보지를 못했다. 그냥 진화론자의 상상 속에만 있는 동화일 뿐이다. 진화는 과학적으로 관찰된 적도 검증된 적도 없는, 그냥 온갖 동화 같은 기적으로 도배된 상상이고 믿음이고 종교일 뿐이다. 물론 유전자 안에서의 변화나 유전자 손실로 인한 변형(소진화)이 아닌, 없던 유전자 생성(창조)에 의한 대진화에 한해서 하는 말이다.

'오랜 시간'이란 마술 지팡이

신이 죽은 자를 살리심을 믿을 수 없기에 성경은 의혹의 대상이 된다. 흔히 이적(기적)이라 불리는 기사들은 옛날 옛적 미개한 시절의 사람들에게나 통용되던 것이라 치부하며 성경에 대해 의심의 눈초리로 대응한다. 어찌 물이 변하여 포도주가 될 수 있을까? 어찌 죽은 자가 부활할 수 있을까? 그런 얘기를 믿는 사람들은 지적으로 문제가 있는 것이라고 단언한다.

그러면서도 흙탕물(원시 수프)에서 저절로 생명(세포)이 만들어졌다고 믿을 수 있는 그 마음은 도대체 무엇일까? 물이 변하여 포도주가 되는 것도 불가능한데, 물이 변하여 생명체(세포와 유전자)가 된다는 것이 가능하다니? 물론 여기에는 놀라운 기적의 첨가물이 있다. '오랜 시간'이라는 마술 지팡이다. 일찍이 다윈이 '종의 기원'을 출판하던 때에, 파스퇴르는 생명체가 무생물로부터 생길 수 없다고 과학적 실험을 통해서 결론지었다.

하지만 '오랜 시간'이라는 마술 지팡이가 닿는 순간, 알 수 없는 어떤 조건 하에서 알 수 없는 어떤 방법을 통해 생명체(유전자)가 만들어진다. 생명체가 그렇게도 단순한 조직이란 말인가? 뿐만 아니라 우연히 저절로 만들어진 단세포에서 눈과 심장과 뼈와 날개와 혈관 등 온갖 신기한 조직(기계)들이 기적처럼 만들어진다. 알 수 없는 조건과 방법에 의해서, 우연히 저절로. '우연히 저절로'가 좀 미안스러우니까, 돌연변이에다가 적자생존(자연 선택)이라는 의미 없는 동어 반복으로 그럴듯하게 포장을 한다.(적합한 자는 누구인가? 살아남는 자다. 누가 살아남는가? 적합한 자다.)

과학이 할 일은, 그 알 수 없는 조건과 방법을 알아내는 것이란다. 그렇게 150년 간을 소비하였다. '오랜 시간'이라는 마술 지팡이만 있으면 모든 기적이 가능해진다고 믿으며 150년을 버티는 것은 대체 어떤 지성의 수준일까? 또 알 수 없는 조건과 방법은 대체 어떻게 검증한다는 것인가? '알 수 없는'이란 말이 의미하듯, 인간이 직접 경험하지도 못했고 경험할 수도 없는 것이기에, 그 어떤 진화 얘기를 상상해 내도 결국 그것의 '맞고 틀림'을 검증할 길도 없는데 말이다. 그게 과학인가, 동화인가? '오랜 시간'을 거론할 때마다 신데렐라에게 옷과 마차를 만들어 주었던 요정의 마술 지팡이가 연상된다.

'신이 만들었다(지성이 설계했다)'와 '우연이 만들었다(저절로 생겨났다)' 사이의 거리는 어느 정도일까? 우리의 경험과 과학은 어떤 조직체나 정보나 기계 장치가 우연히 저절로 생겨나지 않음을 확신한다. 땅에서 발견된, 아주 단순한 조직 체계와 정보를 지닌 빗살무늬 토기조차도 '오랜 시간' 동안 '알 수 없는 조건과 방법'에 의해 우연히 저절로 빚어졌다고 말하지 않는다. 그렇게 말하는 순간 기적을 믿는 미개한 뇌가 되어버리기 때문이다. 하물며 수조 억만 배 이상이나 더 복잡한 조직 체계와 정보를 가지고 있는 생명체가 우연히 저절로 생겨났다니... 기적도 이런 기적이 없다.

진화론에 있어서 오랜 시간은 기적을 일으키는 아주 놀라운 주술 도구이다. 윈도우 10이 깔려 있고, 한글과 엑셀과 포토샵과 스타크래프트가 작동하는 컴퓨터가, 36억 년이란 아주 오랜 시간만 주어진다면 우연히 저절로 알 수 없는 조건과 방법에 의해 조금씩 조금씩 흙으로부터 진화 할 수 있다고 주장하는 게 과연 과학적일까? 기적이다. 현대인의 미개함의 깊이는 우리가 비웃는 선조들의 미개함보다 결코 덜하지 않다는 것을 이 시대 인간들은 인정하기 힘들어 한다. 그저 맹목적으로 자기들의 두뇌가 더 낫다고(진화했다고) 믿고 싶을 뿐이다.

도킨스의 논법으로 진화론의 기적에 대해 말하기

〈과학은 기적을 확률과 우연으로 설명한다.〉

정말 과학은 모든 현상을 우연으로 설명하는가? 그렇다면 과학 법칙은 왜 필요하지라는 의문을 갖게 되지 않는가?

진화론이라는 유명한 기적 이야기를 해보자. 수십억 년 전 물속에서 우연히 여러 물질 요소가 뭉쳐서 아미노산으로, 아미노산이 우연히 조직적으로 결합해서 단백질로 진화했고, 그 단백질들이 우연히 조직적으로 조립되어 세포가 되었고, 그 세포가 우연히 자기 복제가 가능한 고도의 유전자를 지닌 생명체로 진화했다. 이 이야기에 대해 다음과 같이 세 가지 가장 가능성 있는 설명을 적어 볼 수 있다.

(설명1) 정말로 벌어졌던 일이다. 물질 요소가 우연히 저절로 아미노산, 단백질로 변했고, 단백질 쪼가리들이 다시 우연히 저절로 복잡한 세포로 조립되었고, 이 세포가 우연히 저절로 자기 복제 유전자를 가진 생명체로 변했다.

(설명2) 교묘한 마술적 속임수였다.

(설명3) 그런 일은 전혀 벌어지지 않았다. 누군가 지어낸 허구의 이야기다. 혹은 실제 사건은 그보다 훨씬 놀랍지 않았는데, 사람들이 부풀렸다.

이 세 가지 설명을 읽는 순간, 누구나 별다른 의문 없이 가능성 높은 것이 어떤 것인지를 순서대로 나열할 수 있을 것이다. 각 주장을 살펴보자.

(설명1)이 옳다면, 그것은 우리가 아는 기본 과학 법칙들을 위반하는 일이다. 단백질을 구성하는 물질 요소가 수십억 년 전 물속에 있었다는 증거가 없고, 설령 있었다고 하더라도 그 물질 요소들이 여러 물질 요소로 구성된 단백질을 구성하는 분자들로 뭔지도 모르는 이유에 의해 우연히 바뀌었다고 우겨야 하기 때문이다. 게다가 그 단백질 분자들이 우연히 조립되어서 복잡한 질서를 갖추고 있는 완성체인 세포로 변해 간다는 것은 우리가 알고 있는 과학 법칙 즉, 열역학 제2법칙과 모순된다. 다른

대안 설명들을 제쳐 두고 이 설명을 선호하려면, 다른 대안 설명들이 정말이지 굉장히 가능성 낮은 사건들이어야만 한다.

(설명2)의 속임수 마술도 가능한 설명이지만(무대나 텔레비전에서 흔히 선보이는 마술보다 훨씬 교묘해야 할 것이다), (설명3)보다는 덜 그럴듯하다. 사실 이것이 실제로 벌어졌던 일이라는 증거가 없는 마당이니, 구태여 속임수 마술을 제안할 이유조차 없다. (설명3)이라는 훨씬 그럴싸한 해설이 있으니까.

(설명3)처럼 누군가 이야기를 지어냈다. 사람들은 늘 이야기를 지어낸다. 그것이 픽션이다. 이 이야기가 픽션이라는 설명은 무척 그럴싸하므로, 우리는 구태여 속임수 마술을 떠올릴 필요가 없거니와 하물며 과학 법칙과 어긋나는데도 무조건 과학이라고 우기기만 하면 되는 전능한 진화(우연/저절로)를 떠올릴 필요는 더더욱 없다.

광산에 널브러진 철광석이 수십억 년 지나면서 용암에 녹고 벼락에 맞아 가며 서서히 최신형 자동차로 변했다는 이야기를 웃어넘기는 사람들이, 벽돌 무더기가 끝없이 되풀이되는 지진으로 인한 진동에 의해 뛰어올라 차곡차곡 쌓여져서 호텔로 변했다는 것은 그럴 리가 없다고 완벽하게 이해하는 사람들이, 진화론자가 과학이라는 이름으로 흙탕물에서 우연히 아미노산이 만들어지고 그 아미노산들이 우연히 일정한 법칙대로 결합되어 단백질이 만들어지고 그렇게 우연히 만들어진 단백질 쪼가리들이 어쩌다 보니 우연히 최첨단 기능을 지닌 세포로 조립되었다거나, 세포 하나가 우연히 저절로 보다 복잡한 구조인 심장, 눈, 뼈 등을 만들어 내어 가면서 인간이 되었다는 이야기를 선포하면 기꺼이 믿는다. 그저 '아주아주 오랜 시간, 적자가 생존하려다 보니'라는 과학적(?) 교리만 갖다 붙이면 만사형통이다.

도대체 흙탕물로부터 아미노산이, 아미노산으로부터 단백질이, 단백질 쪼가리로부터 인간의 세포가 어쩌다 보니 우연히 만들어질 확률과, 광물질 쪼가리로부터 컴퓨터 마이크로칩과 컴퓨터 프로그램들이 어쩌다 보니 우연히 만들어질 확률 중 어느 게 더 기적적일까?

만약에 그런 확률이란 게 가능하다면 호박이 마차로 변하는 것은 훨씬 더 가능한 확률이다. 호박이 우연히 물질 요소로 분해되었다가 다시 우연에 의해 재결합되어 마차를 구성하는 물질로 진화하게 되고, 우연과 확률에 의해 마차가 만들어지기 위해 수십억 년의 시간 변화를 거친다면 호박이 돌연변이와 자연 선택에 의해 마차로 진화하는 것도 가능하다. 현실로서 마차가 있고 더구나 호박도 있지 않은가? 모든 물질을 구성하고 있는 기본 요소들은 같으며, 결합 방식과 결합하는 요소의 양적 차이가 있을 뿐이라는 게 우리가 현재 믿고 있는 과학이기 때문이다. 결합하다 적절치 못한 것은 사라지고, 또 다시 결합하고를 되풀이하다 보면, 언젠가는 제대로 된 결합이 가능해지는 자연 선택의 놀라운 기적을 무시하면 곤란하다. 신데렐라 공주에게 파티용품을 제공했던 요정의 기적은 과학적이었던 것(진화)이다. 와우!

진화의 결과인 마차가 있을 뿐만 아니라, 진화의 출발점이 된 호박도 있고, 그 둘의 물질적 요소를 분해해 보면, 공통된 요소들도 발견됨을 과학적으로 확인할 수 있다. 진화의 출발점(원시 세포)도 없고, 그냥 진화의 결과(현존 생명체들)만 가지고 진화를 주장하는 것보다는 훨씬 더 현실적이고 과학적이지 않은가? 수십억 년 전에는 호박이 없었다고? 출발점이 된 원시 세포는 수십억 년 전에 있었나? 지금 있는 호박은 지금 있기에 수십억 년 전에는 없었다고 보는 게 옳고, 지금 없는 원시 세포는 지금 없으니까 수십억 년 전에는 있었다고 보는 게 옳다고 주장할 것인가? 수십억 년 전에 있었다는 과학적 증거를 찾지 못하기는 호박이나 원시 세포나 마찬가지이다.

모든 생명의 시작이 된 세포(질서)를 만들어 내는 우연이라는 기적이 있을 거라는 신앙에 근거해 진화했다고 주장하는 것이나, 이 모든 질서를 만든 초월적 지성으로서 신이 있을 거라는 신앙에 근거해 창조했다고 주장하는 것이나 마찬가지 논법임에도 불구하고 굳이 자기 주장은 과학이라고 우기는 이유에 대해 뭐라 말해야 할까? 진화론도 신념이고, 창조론도 신념이다. 진화론이 과학적이 되어 보려고 노력했지만 화석 증거도 없고, 이론 적용에도 모순되는 게 많아서 참으로 난감하다고 그냥 솔직히 얘기하는 게 더 과학적이지 않을까?

* 참고한 도킨스의 논증과 출처는 아래와 같다.
『현실, 그 가슴 뛰는 마법』(김명남 옮김, 김영사 펴냄)

상상을 초월하는 기적(우연)으로 점철된 진화론의 설명들

캄브리아기 대폭발
  '캄브리아기의 대폭발'은 진화론의 연대로 5억 3000만 년 전에 해당한다는 지층에서 다양한 종류의 동물 화석이 갑작스럽게 출현한 지질학적 사건을 말한다. 거의 모든 동물 문이 이때 갑자기 동시에 출현했는데, 그 생명체들은 진화론자들의 기대대로 단순하고 원시적인 것이 아니라 매우 복잡하고 완전한 형태를 지니고 있었다. 이처럼 갑작스럽게 나타나다니, 기적이다. 조금씩 진화해야 하는 것 아닌가? 이러한 문제는 다윈도 이미 알고 있었으며 자신의 이론에 위협이 된다고 생각했던 부분이다.

"캄브리아기 대폭발은 생명의 역사에서 가장 놀랍고 수수께끼와 같은 사건이었다." (진화론자 굴드)

수수께끼와 같은 사건? 말 돌리지 말고 솔직히 말하자. 수수께끼와 같은 사건이 아니라, 있을 수 없는 기적이었다.

삼엽충의 눈

삼엽충은 캄브리아기의 표준 화석이다. 사람들이 이 삼엽충이 간단한 구조의 동물일 것이라 생각하지만 사실은 그렇지 않다. 화석으로 발견되는 동물 중에서 최초로 눈을 가지고 있던 생물이다. 그 눈은 매우 정교한 이중 렌즈 구조의 겹눈이다. 많은 것은 렌즈만 수천 개가 모여 있다. 그 중 일부는 자신의 꼬리까지 볼 수 있는 180도의 시야각을 갖고 있는데, 햇빛을 가려 눈부심을 막는 차단막까지 있다.

그런데 이 눈은 방해석으로 구성되어 있어서 빛이 지날 때 복굴절 현상이 일어나 물체가 두 개로 보이게 된다. 하지만 이런 문제점은 수천 개의 눈이 빛이 들어오는 방향과 평행을 유지하며 성장하는 방법으로 해결되었다. 우연히 저절로 이런 눈이 만들어졌다니, 기적이 아닐 수 없다.

"고생물학을 연구하면 할수록 진화론은 오직 믿음에 근거한 것임을 확신하게 된다." (고생물학 진화론자 모어)

알멸구의 점프 능력

<사이언스>에 다리에 톱니바퀴 기어를 갖춘 곤충에 대한 논문이 실렸다. 알멸구의 일종으로서 위협을 느끼면 순식간에 뛰어올라서 달아나는 곤충이다. 몸길이가 2㎜ 정도인데 1m 높이로 뛰어오르는 점프 능력을 지녔다. 두 다리가 바닥을 박차는 시간이 정확하게 일치하지 않으면, 공중에서 균형을 잃고 땅에 곤두박질칠 게 분명하다.

놀랍게도 이 곤충의 뒷다리는 정교한 톱니바퀴로 맞물려 있었다. 톱니 하나의 크기는 0.02㎜ 정도였다. 알멸구가 점프하려고 뒷다리를 박차는데 걸리는 시간은 10만 분의 3초였다. 이는 신경 세포가 자극을 전달하는 시간인 1000분의 1초보다 훨씬 짧은 순간이다. 신경 세포의 전달로는 뒷다리의 정확한 동시 점프가 불가능하다는 의미다.

뒷다리의 동시 작동을 가능하게 하는 톱니바퀴 기어가 우연히 저절로 생겨났다니 엄청난 기적이다. 그냥 롤렉스시계가 철광석 광산에서 우연히 저절로 생겨났다고 말하는 게 훨씬 더 그럴듯하지 않을까?

카멜레온 피부 세포 내 나노 결정 격자 구조

카멜레온은 색소가 아니라 피부 세포 내의 미세 구조를 변화시켜 몸의 색깔을 순간적으로 바꿀 수 있다. 이는 광간섭이라는 물리 현상으로 특정 파장의 빛과 나노미터(10억 분의 1m) 크기의 결정 구조 사이에서 일어나는 상호 작용의 결과다. 현대 과학으로도 구현이 불가능하다. 과연 이러한 기능을 갖춘 생체 기관이 우연에 의해 저절로 생겼다고 믿을 수 있겠는가? 이게 기적이 아니고 뭐겠는가? 차라리 컴퓨터가 우연에 의해 저절로 생겨났다고 말하는 것이 확률적으로 훨씬 더 가능성 있는 사건이 아닐까?

④ 지질 주상도(지층 연대표)라는 공수표 – 상상 속의 연대

"우리가 생명체의 느린 변화 속도(진화)를 믿는 유일한 이유는, 퇴적암이 형성되는 데 오랜 시간이 걸렸다는 것을 지질학이 주장하고 있다는 사실입니다." (헉슬리)

지질 주상도의 탄생

진화론의 진짜 토대는 지질 주상도에 있다. 미국에는 관광지로도 아주 유명한 지층 지대가 있다. '그랜드캐니언'이라고… 거기에 가면 땅이 여러 층으로 쌓여 있는 것을 볼 수 있다. 이러한 지층들이 수백만 년에서 수십억 년에 걸쳐서 서서히 만들어진 것이라 보고, 지층들을 연대별로 정리해 놓은 표가 바로 지질 주상도다. 물론 우리가 그랜드캐니언에서 지질 주상도에 나오는 순서대로 모든 지층을 다 볼 수 있는 것은 아니다. 세계 곳곳에 있는 지층들을 모아서 순서를 정해서 도표화한 것이기 때문에 그렇다. 그럼 흩어져 있는 지층들을 모아 놓은 후, 그 지층들의 순서는 누가 정했을까? 진화론자들이 정한 것이다.

그들은 도대체 각 지층의 구체적인 연대를 어떻게 알아낸 것일까? 각 지층에서 발견되는 화석에 따라 결정되었다. 그렇다면 화석의 연대는 어떻게 알아낸 것일까? 단순한 생명체에서 복잡한 생명체로 진화했다면, 그 정도의 시간이 걸렸을 것이라는 진화론자들의 추정과 합의에 의해 결정되었다. 흔히 대부분의 사람들이 오해하고 있듯이, 방사성 연대 측정법과 같은 과학적 실험을 통해서 결정된 것이 아니다. 진화론자들 사이에서 이루어지는 의견 교환에 따라 도출된 합의 사항인 셈이다.

지질 주상도의 이론적 토대는, 아주 오랜 시간이 흐른다면, 현재 일어나고 있는 것과 같은 미미한 지질 작용으로도 대격변이 만들어 내는 것과 똑같은 결과를 만들어 낼 수 있으리라는 것이다. 찰스 라이엘이 이런 주장을 바탕으로 쓴 책이 바로 '지질학의 원리'(1830년)이다. 다윈이 이 책에 매료되었다.

당시 과학자들은 홍수와 같은 대격변으로 인해서 지구의 지질학적인 특징들이 만들어졌다(격변설)고 생각했다. 그런데 라이엘은 격변설(대격변으로 단기간 동안 급히 만들어졌다)을 거부하고 동일 과정설(오랜 시간 동안 서서히 만들어졌다)을 주장하였다. 간혹 석탄층에는 수직으로 서 있는 나무 화석이 발견된다. 홍수로 불어난 물에서 수직으로 떠 있는 나무라니... 있을 수가 없는 일이라는 것이다. 격변설은 뒤안길로 사라졌다.

세인트헬렌스산의 화산 폭발(1980년)로 홍수가 난 후, 인근 호수에서는 수직으로 떠 있는 통나무가 관찰되었다. 홍수에 떠내려온 숱한 나무들이 물을 많이 먹은 부분부터 가라앉으면서 수직으로 파묻힌 것이다. 지층에 나무가 수직으로 서 있는 현상이 입증되었다. 호수 바닥을 탐지한 결과 수많은 통나무들이 수직으로 묻혀 있음이 밝혀졌다. 홍수 상황에서 나무가 수직으로 서 있는 것은 불가능하다는 주장이야말로 비경험적인 추정(비과학적인 상상)이었던 것이다.

화석의 형성

지질 주상도로 계산해 보면, 지층이 대략 1년에 평균 0.2mm 정도씩 퇴적된 것으로 나온다. 과연 그렇게 조금씩 흙이 쌓여서 화석이 만들어질 수 있는 걸까? 죽은 시체에 오랫동안 조금씩 쌓이는 흙으로는 화석이 만들어질 수 없다. 썩어 버리거나 다른 것에 먹혀 버리기 때문이다. 예나 지금이나 많은 생명체가 죽고 있지만, 화석이 만들어지지는 않는다. 갑작스런 대규모의 퇴적에 의해 완전히 매몰되어야만 화석이 만들어질 수 있다.

수십억 마리의 물고기들이 떼죽음을 당한 화석 지층, 온갖 동물(코끼리, 돼지, 코뿔소, 원숭이 등)이 함께 묻혀 있는 지층, 여러 공룡들이 무수히 함께 섞인 지층이 있다. 일명 '화석 무덤'이다. 대규모로 동물들이 함께 매몰되었다는 얘기다. 서서히 이루어진 퇴적이라는 전제와 충돌하는 현상들이다.

6m가 넘는 나무 화석이 수직으로 서 있는 현상은 또 어떻게 설명해야 할까? 서서히 퇴적이 이루어졌다면, 화석이 되기 전에 썩어 버리지 않을 수 있었던 비결은 뭘까? 큰 공룡 한 마리가 썩지 않고 화석이 되려면 순식간에 수십 미터의 퇴적이 이루어져야만 가능하지 않을까? 서서히 조금씩 퇴적되

는 것과 갑작스럽게 퇴적되는 것 중 어느 쪽이 더 합리적인 설명일까?

캘리포니아의 고래 화석은 길이가 80피트인데, 꼬리를 아래쪽으로 한 채 수직으로 서 있다. 만약 진화론의 가설대로라면 이 고래가 화석이 되기 위해서는 수직으로 선 상태에서 수만 년 동안 흙이 쌓이기를 기다렸다는 말인가? 수만 년 간 그렇게 서 있었던 것이 아니라, 어느 날 갑자기 흙더미가 덮쳐서 묻어 버렸던 것이다.

뒤바뀐 지층과 화석의 순서

더욱 기이한 것은 지층들의 뒤바뀜 현상이다. 오랜 지층이 젊은 지층보다 위에 있는 것이다. 아래 있던 지층이 위로 밀고 올라갔을 것이라는데, 문제는 그런 곳이 수백 군데라는 점이다. 수십, 수백 킬로미터 크기의 지층들이 어찌 그리 쉽사리 자리바꿈을 했을까? 대홍수와 같은 격변에 의해서 지층들이 순식간에 만들어졌다고 전제(가정)하면, 아무런 어려움 없이 뒤바뀐 지층 현상에 대한 설명이 가능해진다.

화석도 마찬가지다. 진화 나중 단계의 화석이 진화 앞 단계의 화석보다 아래 지층에서 발견된다. 진화가 거꾸로 일어났다는 얘기가 된다. 그럼에도 불구하고 지층들이 시간(진화)의 순서(오랜 퇴적)라고 가정해야 할까? 관찰 결과와 모순된다면, 그 가정이 잘못된 것이다.

홍수 같은 대격변으로 순식간에 지층이 만들어졌다면, 화석 순서는 동물의 거주지와 운동성에 따른 것이 된다. 바다 바닥에 있는 생물이 맨 밑 지층에 매몰되고, 위쪽 지층으로 갈수록 운동성이 있는 동물들이 묻힐 것이다. 물론 때때로 화석 순서가 뒤바뀌기도 한다. 운 좋게 살아남았다가 나중에 묻히는 일은 언제든 종종 일어날 수 있는 일이기 때문이다. 갑작스런 퇴적과 오랜 시간의 퇴적 중 어느 쪽이 관찰 사실에 대한 해석에서 더 합리적인가?

순환 논리의 절망

지질 주상도에 있는 지층의 연대 순서라는 것은 진화라는 가정에 의해서 만들어졌다. 진화라는 현상은 아무도 관찰한 적이 없다. 그냥 상상일 뿐이다. 지층의 위아래 순서는 시간의 순서를 보여 준다는 가정 하에 만든 것이다. 지층 속의 화석은 변화의 과정을 보여 주는 게 아니라, 죽은 상태를 보여 주는 것이다. 화석 자체는 진화를 입증하지 않는다.

"지층(암석)의 연대를 근거로 그 지층에 있는 화석의 연대를 알 수 있다… 지층의 연대는 그 지층에 있는 화석 연대를 근거로 알 수가 있다." 지질학 책에 나오는 주장이다. 화석의 연대를 알려면 지층의 연대를 알아야 하고, 지층의 연대를 알려면 화석의 연대를 알아야 하다니… 어쩌란 말인가?

지질 주상도에는 석회암층이 여러 개 있다. 만약 석회암층을 발견했다면, 그것이 1억년 된 쥐라기 석회암인지 아니면 6억년 된 캄브리아기 석회암인지를 어떻게 알 수 있을까? 쥐라기 석회암과 캄브리아기 석회암 사이에 차이는 없다. 오직 그 석회암층에서 발견된 표준 화석을 통해서만 알 수 있을 뿐이다.

그렇다면 표준 화석의 연대는 도대체 어떻게 알게 된 것일까? 표준 화석의 연대를 입증해 줄 과학적 근거가 있을 것이라 기대된다. 그런데 아쉽게도 표준 화석의 연대라는 것은 진화론자들이 협의하여 정한 것이다. 소위 방사성 연대 측정법이라는 것이 나오기도 오래 전부터 말이다.

너무도 잘 알려진 실러캔스는 중생대를 알려주는 표준 화석이다. 그래서 실러캔스 화석이 발견되면 그 지층은 대략 7천만 년에서 2억 5천만 년 정도된 것으로 판명된다. 실러캔스가 그 시기에 살다가 멸종되었기 때문이다. 그런데 1938년 살아 있는 실러캔스가 바다에서 잡혔다. 지금도 잡히고 있다. 그렇다면 실러캔스 화석이 있는 지층은 도대체 언제 만들어진 것이라 해야 하는가? 화석과 지층의 연대나 순서를 알 수 없게 되어 버렸다.

⑤ 진화 계통나무의 실체 - 텅 빈 중간고리들

대진화 단계를 보여 주는 나무

진화 계통나무에 대한 정의는 이렇다.

- 동식물의 각 종류를 진화해 온 순서대로 계통을 만들어서 나무로 나타낸 그림.

지구에는 너무나 다양한 종류의 동식물들이 살고 있다. 그런데 진화론에 따르면 이 생물들은 아주 먼 옛날 공통의 조상으로부터 갈라져 나온 (진화해 온) 것이다. 흔히 어류 ⇒ 양서류 ⇒ 파충류 ⇒ 포유류 단계로 진화가 진행되었다고들 생각한다. 하지만 현재의 도마뱀이 진화해서 개가 된 것은 아니다. 현재의 파충류인 도마뱀과 현재의 포유류인 개의 공통 조상이었던 그 무엇으로부터 아주 오랜 옛날에 분리되어 각각 다른 진화의 과정을 거쳐 온 것이다.

파충류에서 포유류로 진화했을 것이라 믿으면서도 현재의 도마뱀에서 개로의 진화를 말할 수 없는 것은 바로 적자생존의 원칙 때문이다. 현재 살아 있는 생물은 모두 적자생존의 원칙에 따라 진화에 성공한 것들이다. 그러니 어느 한 쪽이 다른 쪽보다 진화 단계에서 앞선 조상이라고 말해서는 안 되는 것이다. 그럼에도 불구하고 진화를 설명할 때는 현재 있는 동물들을 예로 들면서 설명을 할 수밖에 없다. 곰 같은 것이 고래로 진화했다는 둥, 하이에나 같은 것이 고래로 진화했을 것이라는 둥... 진화론자마다 다양한 진화의 조상을 가정한다.

종종 진화론자들은 결코 원숭이가 사람의 조상이라고 말한 적이 없다고 한다. 진화론을 잘 모르는 자들이 만들어 낸 말이라는 것이다. 원숭이와 사람은 공통의 조상이었던 그 무엇으로부터 진화한 것이지 원숭이가 사람으로 진화한 것은 아니라는 얘기다. 그렇다면 원숭이와 사람이 진화해 온 공통의 조상은 무엇일까? 과연 있기나 한 것일까? 아무도 모른다. 있을 것이라고 믿을 뿐이다.

그러다 보니 진화론자들이 인류 진화의 증거를 설명할 때는 원숭이와 인간을 비교해 가면서 얘기할 수밖에 없는 상황이다. 진화론자들이 자연사 박물관에 그려 놓은 인류의 진화 상상 그림은 원숭이의 특징에서 인간의 특징으로의 변화를 표현하고 있다. 진화론자들의 주장에 따르면 인간은 원숭이에서 진화해 온 게 아니란다. 그럼 어째서 원숭이 모양(특징)에서 인간 모양(특징)으로의 진화를 그려 놓은 것일까?

진화론자들은 뼛조각들을 발굴해서 서로 맞추어 보고, 여기에 상상을 덧붙여서 진화의 조상을 만들어 보려 애를 쓴다. 그리고 찾아낸 뼛조각들이 인류로 진화해 온 조상의 것임을 주장하기 위해서 그 뼛조각이 원숭이에 가까우냐 인간에 가까우냐를 가지고 따진다. 원숭이와 인간이 알 수 없는 조상으로부터 전혀 다른 단계를 거쳐 진화해 왔다면, 인류가 진화해 온 모습을 원숭이를 기준으로 말하는 것이 과연 설득력 있는 논증인가?

어떤 뼛조각이 인간의 조상임을 입증하기 위해서는 원숭이와 인간의 공통 조상을 찾는 게 우선이다. 그런데 그 공통의 조상이라는 것은 도대체 어떻게 알아 볼 수가 있을까? 원숭이와 인간의 중간 모양이라서? 웃기는 소리다. 원숭이와 인간의 중간 모양으로부터 원숭이와 인간이 진화해 왔다는 것인가? 그걸 어찌 아는가? 원숭이와 인간이 공통 조상으로부터 얼마만큼 어떻게 진화했는지를 모르는데, 어찌 조상인지 여부를 확증할 수 있겠는가? 아무도 알 수가 없다. 조상인지 아닌지를 판단할 기준 자체가 없기 때문이다. 그냥 상상하는 대로 믿을 뿐이다.

진화 계통나무의 뿌리에는 모든 생물의 원조인 원시 세포가 자리 잡고 있다. 이 원시 세포가 어떤 것인지는 그 누구도 알 수가 없다. 왜냐하면 현재 발견되는 단세포 생물들은 이미 진화를 통해 적자생존한 것이기에, 적자생존의 원칙에 따라 사라져 버린 원시 세포가 아니어야 하기 때문이다. 굳이 진화해야 할 필요가 없기에 진화하기 전의 조상이 될 수 없다.

결국 진화 계통나무에는 현재 생존하는 생물들의 그림 말고는, 진화의 과정과 계통을 보여줄 수 있는 중간고리에 해당하는 그 어떤 생물도 그려질 수가 없다. 왜 그런가? 진화하기 전의 조상을 알 수 있는 방법이 없다. 그게 조상인지 아닌지를 결정할 수 있는 기준이 없는 것이다. 진화의 계통을 보여 주는 처음 시작 생물과 중간 단계의 생물이 전혀 나타나지 않는, 진화 계통을 보여 주는 나무라니….

중간고리가 없다

오랜 시간 동안 조금씩 진화했다면 종과 종 사이에 얼마나 많은 중간 단계가 필요하겠는가? 종과 종 사이의 전이 형태로 보이는 불완전한 신체 구조의 화석이 폭발적으로 발견되어야 한다. 하지만 불행하게도 이제까지 발견된 모든 화석은 늘 온전한 신체 구조와 기능을 가진 것들이었다. 종에서 종으로 가는 중간 단계라고 할 수 있는 불완전한 신체 구조와 기능을 가진 화석이 발견되지 않는 것이다.

영국 자연사 박물관의 선임 고생물학자였던 콜린 패터슨 박사에게 어떤 독자가 물었다. "당신의 책(진화)에는 왜 중간 단계의 화석 사진을 넣지 않았는가?" 그러자 그가 대답했다. "중간 단계에 해당하는 화석을 하나라도 알고 있었더라면 당연히 포함시켰을 것이다."

"진화는 연속적으로 일어나야 하는데, 화석을 보면 종과 종 사이의 중간 형태가 전혀 없다." (굴드, 진화론자)

오늘날 20억 개 이상의 화석이 발굴되었음에도 불구하고, 왜 진화를 보여 주는 중간 단계의 화석은 하나도 발견되지 않는 것인가? 사실 이런 문제점을 다윈도 알고 있었다.

"수많은 중간 형태의 화석들이 있어야 하는데, 실제로 지층에서 전혀 나타나지 않고 있는 것은 무슨 이유일까?"

현존하는 생물로 진화하기 이전의 조상은 화석으로 존재하지 않는다. 단지 진화론자들의 상상 속에 있을 뿐이다. 그럼에도 불구하고 그들은 마치 그것들이 실제로 현존해 있었던 것처럼 말하곤 한다. 다윈의 지시에 충실히 따른 것이다.

"잃어버린 많은 간격들은 상상력으로 메꾸지 않으면 안 된다."

1980년 세계적 권위를 가진 진화론자 160명이 시카고의 자연사 박물관에서 회의를 열었다. 열띤 토론 끝에 내려진 결론은 소진화를 연장해서 대진화가 일어날 수 없다는 것이었다. 오랜 시간 작은 변이(소진화)들이 쌓여서 종의 변화(대진화)가 일어난 것이 아니다.

"과학자들이 종 사이를 연결하는 중간 형태의 전이 화석을 찾으려고 하면 할수록 더욱 낙담하게 된다. 화석 기록에는 중간 형태의 전이 화석이 없다는 것이 법칙이다." (사이언스 Vol. 210, 1980)

"실제로 발견되는 화석의 모습은 대진화의 가설을 부정하고 있다."

(뉴스위크, 1980/11/03)

어류와 양서류를 이어 주는 중간고리라던 실러캔스가 요즘도 산 채로 잡힌다. 7천만 년 전에 멸종된 것이라던 실러캔스가 최근까지 180마리 이상 잡혔다. 진화론자들의 기대와는 달리 지느러미가 다리로 바뀌지 않은 채 말이다. 화석으로 발견된 모습이나 지금 살아 있는 모습이나 생긴 게 똑같다. 실러캔스는 왜 진화하지 않은 것일까?

시조새는 어떤가? 시조새 화석은 한때 공룡과 조류 사이에 중간고리로 분류되었다. 시조새가 이빨, 날개 발톱, 긴 꼬리를 가지고 있기 때문이다. 하지만 이러한 모습들은 다른 멸종된 새나, 살아 있는 새들에게서도 볼 수 있다. 게다가 시조새가 발견된 지층에서 다른 새의 화석이 발견되었으며, 심지어 시조새 지층보다도 오래된 지층에서도 새의 화석이 발견되었다. 시조새가 더 이상 새의 조상일 수 없는 상황이 된 것이다.

1984년 독일에서 열렸던 국제 시조새 학회의 결론은, 시조새가 날 수 있는 완전한 새였으며, 현대 새의 조상이 아니었다는 것이다. 그럼에도 불구하고 그들은 여전히 시조새가 공룡의 후예일 것이라고 믿고 있다. 공룡에서 조류로의 진화 과정에 있어야 할 수많은 중간 단계의 화석들은 다 어디에 있는 걸까?

⑥ 방사성 연대 측정법의 진실

어떤 암석을 방사성 연대 측정한 결과 수십억 년이라는 연대가 나왔다고 하자. 과연 이 검사 결과가 옳다는 것을 어떻게 확인 할 수 있을까? 사실 우리에게는 그 측정 결과를 검증할 방법이 없다. 그 검사 결과를 믿는가 말든가는 각자가 선택할 몫이다. 그러나 역사적으로 알고 있는 화산의 경우라면 얘기가 달라진다. 그 화산의 암석에 대한 방사성 연대 측정의 결과는 역사적 사실에 의해 검증될 수가 있다.

- 하와이 지구 물리 연구소는 킬라우에아산의 암석을 방사성 연대

측정한 결과 30억 년이라는 연대를 얻었다. 이 바위들은 1801년의 화산 폭발로 만들어진 것이었다.

- 1980년 분출 이후에 형성된 미국 세인트헬렌스산에 있는 암석은 방사성 연대 측정 결과 35만 년에서 280만 년 된 것으로 연대가 나왔다.
- 호주 국립 대학의 맥두걸은 1,000년이 되지 않은 것으로 알려진 뉴질랜드의 용암석을 연대 측정해서 46만 년이라는 결과를 얻었다.
- 1991년 남아프리카에서 락 페인팅(돌에 그린 그림)이 발견되었다. 옥스퍼드 대학교에서 방사성 탄소 측정한 결과 약 1,200년 된 것으로 판명되었다. 그러나 이것은 공예 강습 시간에 그린 것으로 도난당한 물건임이 나중에 밝혀졌다.

왜 이런 결과들이 나오는 걸까? 이런 결과들은 방사성 연대 측정법의 신뢰도를 심각하게 손상시킨다. 만일 위 사례들도 역사적으로 알지 못하는 경우였다면, 꼼짝없이 방사성 연대 측정의 결과를 과학적 사실로 받아들여야 했을 것이다. 방사성 연대 측정법은, 측정 결과를 검증할 수 있는 역사적 근거가 있는 경우가 아니라면, 측정 결과가 맞는지 틀리는지를 검증할 수 없는 비과학적인 방법이라는 말인가?

그래서 진화론자들은 이렇게 말한다. "방사성 탄소 연대 측정 결과가 우리 이론을 지지하면 본문에 인용합니다. 이게 완전히 우리 이론을 부정하지 않으면 각주에 넣습니다. 우리의 이론과 완전히 맞지 않으면 버리면 됩니다."

방사성 연대 측정법의 원리

모래시계는 두 개의 공간을 연결해 놓은 것이다. 위 공간에 있는 모래가 아래 공간으로 내려간 양을 가지고 시간을 측정한다. 시간을 재기 위해서는 위 공간에 있는 모래 양과 아래 공간에 있는 모래 양을 정확히 알고 있어야 한다. 모래가 내려가는 속도가 일정해야 함은 말할 필요도 없다.

이 원리를 이용한 것이 바로 20세기 중반에 처음 등장했던 방사성 연대 측정법이다. 방사성 우라늄이 납으로 바뀐 양을 측정해서 시간을 계산하는 방법이다. 정확한 측정을 위해서는 암석에 있던 최초 우라늄과 납의 양이 얼마였는지를 정확히 알고 있어야 한다. 그런데 사실 우리는 그것을 모른다. 단지 그 양을 가정할 뿐이다.

방사성 동위 원소의 양이 반으로 줄어드는(다른 것으로 바뀌는) 기간을 반감기라고 부른다. 우라늄-납은 반감기가 45억 년이고, 칼륨-아르곤은 13억 년이고, 방사성 탄소의 반감기는 5730년이다. 물론 반감기라는 것은 최근 측정한 감소량을 근거로 유추해 낸 것이다. 아무리 오랜 시간이 흘러도 그 속도가 일정할 것이라는 가정 하에 계산된 것이다. 만일 수천, 수만, 수십만, 수백만, 수억, 수십억 년의 오랜 시간이 지나면서 반감 속도에 변화가 생긴다면, 측정값이 오류일 수밖에 없다. 그런데 우리는 그것을 확인할 방법이 없다. 반감 속도가 일정할 것이라고 믿을 뿐이다.

모든 방사성 연대 측정법의 기본 논리 구조는 다음과 같다.
① A(모원소)가 시간이 지남에 따라 B(자원소)로 바뀐다.
② A(모원소)의 양이 반으로 줄어드는 시기(반감기)는 일정하다.

③ A(원소)와 B(자원소)의 양을 처음과 비교함으로써 연대를 추정한다.

이 측정법이 정확성을 확보하기 위한 조건은 다음과 같다.
① A(모원소)와 B(자원소)의 처음 양과 현재의 양을 정확하게 알아야 한다.
② 시간 외의 다른 요인에 의해 A(모원소)와 B(자원소)의 양이 늘거나 줄어서는 안 된다.
③ A(모원소)가 반감하는 속도는 일정하며, 시간 외의 다른 요인에 의해 변하면 안 된다.

선결문제 미해결의 오류

보시다시피 여기에는 심각한 문제점이 있다. 1, 2년도 아닌 수십억 년 동안 외부 간섭으로부터 완벽하게 암석이 보호되는 것이 있을 수 있는 일인가? 외부 조건이나 간섭 작용으로부터 보호되는 실험실 같은 장소가 아니다. 어떤 방식으로든 간섭 작용이 일어날 수밖에 없는 자연 환경이다. 그렇다고 달리 뾰족한 대처 방법도 없기에, 그냥 외적 영향에 따른 변화가 없을 것이라고 믿는다. 정말 놀라운 믿음이지 않은가?

자연은 실험실이나 방사능 폐기물 저장고처럼 폐쇄된 시스템이 아니라, 언제든지 외부의 간섭이 가능한 열린 시스템이다. 실제로 우라늄은 유동성이 있어서 지하수를 타고 흐르게 되는데, 그 과정에서 암석에 얼마든지 스며들어 갈 수 있다. 모원소인 우라늄은 자원소인 납보다 잘 녹는 편이기 때문에 홍수와 같은 상황에서 더 많이 줄어들 수 있다. 수억 년 혹은 수백만 년이라는 기나긴 시간 동안 어느 시점에 어떤 영향으로 모원소와 자원소의 양에 변화가 발생했다 하더라도 도무지 알 수가 없는 상황이다.

게다가 처음에 A(모원소)와 B(자원소)의 양이 얼마였는지를 정확히 알 수 있는 방법도 없다. 그래서 그냥 추정해 보는 것이다. 암석이 처음 생겨났을 때, 우라늄의 양이 얼마였고 납의 양이 얼마였는지를 어찌 알 수 있겠는가? 암석이 처음 만들어졌을 때 그곳에 있지 않았는데 말이다. 연대 측정을 하기 위해서는 초기 조건이 필요하기에 이런저런 방식으로 그냥 가정해 버리는 것이다. 그 가정이 맞는지 틀리는지조차도 알 방법이 없다.

남아 있는 자원소가 순수하게 모원소의 변화로 인해 생겨난 것인지, 아니면 원래부터 있었던 것인지, 아니면 다른 작용에 의해 생겨난 것인지를 구분할 수 있는 방법이 없다. 그러니 남아 있는 자원소의 양이라는 것이 모원소의 변화로 인해 생겨난 것이라는 가정 역시 보장될 수가 없는 것이다. 게다가 반감 속도 역시 수십억 년 동안 일정했을 것이라는 보장도 없다. 그냥 그럴 것이라 가정하고 믿는 것뿐이다.

방사성 탄소 측정법

대기 중의 방사성 탄소를 흡수하던 생물이 죽는 순간부터 방사성 탄소의 흡수는 멈춰진다. 시간이 흐르면서 몸 안의 방사성 탄소가 줄어들게 된다. 이를 이용한 게 방사성 탄소 측정법이다. 죽은 생물 몸 안의 방사성 탄소 양은, 죽을 때 대기 중의 방사성 탄소 양과 일치한다고 본다. 이 측정법은 대기 중에 있는 방사성 탄소의 양이 예전에도 지금과 동일하다고 전제한다. 알 수 있는 것은 현재 대기의 방사성 탄소 양뿐이기 때문이다.

방사성 탄소 측정법의 결과가 예상치 못한 황당함을 초래하는 경우가 많다. 남극에서 금방 죽은 물개를 측정했는데 1300년 된 것으로 나타났다. 살아 있는 연체동물의 껍질을 측정한 결과 연대가 1000년 내지는 2000년이라는 결과가 나왔다. 살아 있는 달팽이의 껍데기를 측정한 결과 2만 7천 년이라는 연대가 나왔다.

1996년 버클리 대학교에서 최첨단인 두 가지 기술을 사용해서 자바 원인 화석(250,000년 전)을 측정한 결과 53,000년과 27,000년으로 나타났다. 물론 진화론자들은 측정 대상이 오염되었다고 말하겠지만, 오염되었다는 판단의 근거는 뭔가? 이미 믿고(가정하고) 있는 연대와 안 맞는다는 것이다.

과학적 평가

같은 지층에 있는 암석을 가지고 연대 측정을 하면 그 결과가 모두 같게 나올까? 당연히 그럴 것이라고 사람들은 생각한다. 그래야 과학적으로 믿을 수 있는 방법이지 않는가? 그런데 사실은 그렇지가 않다. 그랜드캐니언에서 여섯 개의 샘플을 선택해서 칼륨-아르곤 측정법으로 분석한 결과, 0에서부터 1억 7천만 년까지의 연대가 나왔다.

그렇다면 한 암석을 가지고 다른 연대 측정 방법들로 분석해 보면 그 결과는 모두 같게 나올까? 이것도 그렇지가 않다. 그랜드캐니언의 용암에 대한 분석에서 루비듐-스트론튬 방식으로는 13억 년이라는 연대가 나온 암석 샘플이 우라늄-납 방식으로는 26억 년이라는 연대가 나왔다.

연대가 15억 년쯤으로 알려진 암석 다섯 개를 분석한 결과, 우라늄

238 방식으로는 연대가 4억 년 내지 9억 년이 나왔고, 토륨 방식으로는 세 개는 0이 나오고 두 개는 6천만 년 내지 2억 5천만 년이 나왔다.

일반적으로 방사성 연대 측정 자료가 원래 가정했던 연대와 어느 정도 맞으면 측정 자료를 발표하고, 크게 차이가 나는 경우에는 거의 발표를 하지 않으며 왜 그런 차이가 생겼는지조차도 설명하지 않는다.

런던의 지질학 학회지에 실린 글이다.

"방사성 동위 원소법에 의한 연대 해석 방법은 아직도 더 많이 연구해야 한다. 그리고 동위 원소법에 의한 나이가 반드시 지질학에 의한 나이와 맞지 않는다는 것을 알기에 많은 지질학자들이 매우 의심스럽게 생각하고 있다."

1980년에 폭발한 세인트헬렌스산의 용암을 가져다 다섯 가지 방법으로 연대 측정을 했다. 놀랍게도 35만 년에서 28억 년에 걸쳐서 다섯 가지의 측정치가 나왔다. 더군다나 그 다섯 가지 측정치가 모두 틀렸다. 그 화산은 1980년에 폭발했기 때문이다.

방사성 연대 측정법으로 측정을 하지만, 이론과 맞지 않으면 버리고 이론에 맞는 것만 발표한다. 아니면 기대하는 연대가 나올 때까지 다시 측정을 한다. 지질 주상도(지질 연대표)와 맞지 않는 방사성 연대 측정 결과는 논문에 기록하지 않는다면, 왜 굳이 시간과 돈을 낭비해 가면서 검사를 하는 것일까? 본인들이 원하는 연대를 그냥 기록하면 될 텐데 말이다.

4. 과학적 관찰과 실험들

① 지층

② 화석

③ 공룡

④ 지구의 나이

⑤ 별의 거리

⑥ 유전자의 퇴화

⑦ 인류의 조상

① 지층

지구의 나이가 오래되었다고 믿게 만드는 가장 큰 요인은 지층 때문이다. 그렇게 엄청난 지층이 만들어지려면 정말 아주 오랜 시간이 흘렀어야만 한다는 생각을 하는 것이다.

지층의 형성

그랜드캐니언의 지층에 대해 연대 측정을 시도해 보았다. 밑바닥에 있는 용암층이 10억 년으로 나왔다. 그런데 꼭대기에 있는 용암층의 연대는 13억 년 된 것으로 나왔다(스티브 오스틴 박사). 어떻게 이런 결과가 나오는 것일까? 아래 지층이 위의 지층보다 오래되었다는 전제가 과연 맞는 것일까?

흐르지 않는 물에서 침전이 일어날 때는 아래 쪽에 쌓이는 것일수록 시간이 오래되었다고 보는 게 맞다. 하지만 흐르는 물에서는 상황이 달라진다. 흐르는 물에서는 여러 개의 지층이 동시에 쌓이기 때문이다. 급류가 약해지면서 시원지와 가까운 곳부터 쌓여 가다 보니, 위 지층 중 어떤 부분이 아래 지층 중 어떤 부분보다 먼저 쌓이는 경우가 생긴다.

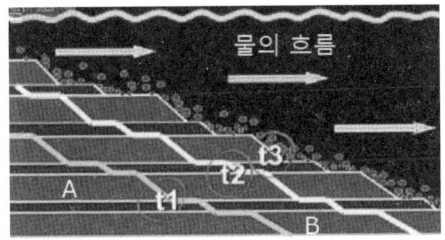

〈시간적으로 t1, t2, t3 순으로 퇴적된다. A 부분은 위 지층임에도 아래 지층인 B 부분보다 먼저 퇴적된다.〉

실험에 따르면 빠르게 흐르는 물에서는 퇴적물들이 동시에 쌓이면서 나아간다. 그래서 진화론의 주장에 의하면, 포유류 화석이 파충류 화석보다 더 위쪽 지층에 있어야 하지만, 실제로는 포유류 화석이 파충류 화석보다 더 아래쪽 지층에서 발굴되는 일이 발생하는 것이다. 포유류와 파충류가 동시에 묻혔다는(같은 시대에 살고 있었다는) 얘기다.

홍수 같이 급하게 흐르는 물에 의해 여러 지층들이 동시에 만들어졌다면, 포유류가 아래쪽 지층에 묻혀 있고 파충류는 위쪽 지층에 묻혀 있는 것이 이상한 일이 아니다. 둘이 함께 급류를 타고 휩쓸려 내려가다가 묻히는 위치가 위 아래로 얼마든지 바뀔 수 있기 때문이다.

우스꽝스러운 생각(John Hinton)

그랜드캐니언의 다양한 퇴적층 띠들을 보고 있으면, 수백만 년이나 수천만 년의 시간 동안 서서히 퇴적되었다는 생각이 얼마나 멍청한 상상인지를 명백히 알게 된다. 나는 그랜드캐니언이 강물에 의해 파였다는 주장에는 의문을 품지 않았다. 지구가 수십억 년 되었다는 주장에 대해서도 아무 이의가 없었다. 하지만 서로 다른 색깔을 띠고 있는 줄무늬의 지층들이 일직선으로 똑같이 서서히 퇴적되었다는 것은 도무지 이해할 수가 없었다.

지층마다 그 색깔과 구성 성분이 똑같다. 그렇다면 수백, 수천만 년 동안은 강물이 모래만 실어 나르고, 다음 수백 수천만 년 동안은 진흙만 나르고, 그 다음 수백 수천만 년 동안은 석회만 실어 날랐다는 말인가? 석회만 퇴적되던 시기에 살았던 동물들은 모래도 진흙도 없이 석회만 있는 땅에서 살았다는 얘기가 되지 않는가?

지층들마다 각각 똑같은 색깔과 성분을 갖게 되는 일이 어떻게 가능한 것일까? 거대한 홍수로 인해 뒤섞여 흐르다가 가라앉으면서 분리되었다면 가능하지 않을까? 오히려 그게 더 합리적이라 여겨졌다. 그때 나는 불가지론자였다.

오랜 시간이 지난 후에야 그들이 왜 지층에 대해 그런 터무니없는 이론을 고집스럽게 추종하고 있는지를 알게 되었다. 그들은 신자였던 것이다. 과학을 잘못된 곳으로 이끄는 어떤 종교(진화론)를 믿는 맹신자들이었던 것이다.

홍수 퇴적학(Kurt Wise)

지층은 크게 화석이 발견되는 지층과 그렇지 않은 지층으로 나누어 볼 수 있다. 캄브리아기로부터 위쪽에 있는 지층들이 화석이 발견되는 지층들이다. 화석이 있는 지층들(대홍수 퇴적층)의 특징은 그 규모가 전 대륙적이라는 것이다. 수백 미터의 두께로 아메리카 대륙이나 아프리카 대륙이나 유럽 대륙을 뒤덮고 있다.

거대한 퇴적층(대홍수 퇴적층)을 지나서 그 위쪽 지층에서는 전 대륙적으로 지층이 분포하는 현상이 사라진다. 오늘날 볼 수 있는 것처럼 부분적으로(특정 지역만) 퇴적이 일어났다. 퇴적되는 두께도 기껏해야 몇 십 센티미터 정도이고 아무리 두꺼워 봐야 몇 미터 정도이다.

똑같은 퇴적층이 그토록 두껍고 넓게 존재한다는 것은 어떤 의미일까? 수백 수천만 년 동안 조금씩 쌓이면 가능하다고 상상하는가? 지층의 두께는 그렇다고 하자. 그러면 각 지층의 성분들이 동일하다는 것은 어떤 의미인가? 수백 수천만 년 동안은 전 대륙에 모래만이 골고루 쌓이다가, 다음 수백 수천만 년 동안은 전 대륙에 진흙만이 골고루 쌓이다가, 다음 수백 수천만 년 동안은 전 대륙에 석회만이 골고루 쌓이는 일이 있었다는 것인가?

왜 어떤 시대는 모래만 있었고, 진흙만 있었고, 석회만 있었는가? 모래나 진흙이나 석회나 어느 한 성분이 전 대륙을 뒤덮는 퇴적 현상은 현재로서는 결코 발생하지 않는 일이다. 서서히 오랫동안 생겨난 게 아니라는 말이다.

동쪽에서 서쪽으로

대륙 전체를 덮고 있는 거대 퇴적층(대홍수 퇴적층)은 모두 물이 동쪽에서 서쪽으로 흐르면서 퇴적되었다. 물속 암석의 상태를 관찰해 보면 퇴적 당시에 물이 어느 쪽으로 흘렀는지를 보여 주는 증거를 찾을 수가 있다.

거대 퇴적층(대홍수 퇴적층)의 아래쪽 지층에서는 물 흐르는 방향이 제각각이다. 거대 퇴적층 위쪽에 있는 지층도 마찬가지다. 지형의 높고 낮음에 따라 물이 흐른 방향도 제각각이다. 현재도 일어나고 있는 현상이다.

그런데 그 사이에 있는 거대 퇴적층에서만 물의 방향이 모두 동일하게 나타났다. 물이 전 대륙을 가로질러 동쪽에서 서쪽으로만 흘렀다. 지형의 높고 낮음에 상관없이 물이 한쪽 방향으로 흐르는 것이 어떻게 가능했을까? 물이 높은 곳으로 흘러가지는 않았을 것 아닌가?

가능한 설명은 홍수다. 지금도 달의 인력 때문에 바다에서 밀물과 썰물이 발생한다. 만일 홍수로 대륙 전체가 물에 잠겼다면, 달의 인력이 물을 붙잡고 있는 상황에서 지구가 자전함으로써 물이 동쪽에서 서쪽으로 흐르는 현상이 발생할 수 있다.

엽층리(얇은 층리 : 지층에서 보이는 나란한 줄무늬)
거대 퇴적층(대홍수 퇴적층)에는 얇은 층리가 있지만, 오늘날에는 엽층리가 있는 퇴적층을 관찰하기 힘들다. 왜 그럴까? 모든 퇴적층에서 생물 교란 작용이 일어나기 때문이다. 물속 퇴적층 위에 서식하는 생물들이 퇴적층을 뒤섞어 놓는다. 그래서 지층 간의 구분(경계면)이 사라진다.

허리케인이 오고 나면 바닷속에 1.5m 내지는 2m 두께로 모래 퇴적층이 만들어지곤 한다. 1년쯤 지나면 퇴적층이 흔적조차 없이 사라지고 만다. 물속 생물들이 모래 퇴적층을 아래 진흙층과 뒤섞어 버리기 때문이다. 생물 교란 작용이다.

지금은 퇴적층을 뒤섞는 생물들이 있고 또 퇴적층을 뒤섞을 만큼 충분한 시간이 있기 때문에 엽층리가 생기지 않는다. 그렇다면 엽층리가 있는 퇴적층은, 땅 파는 생물들이 없었거나, 있었더라도 그 시간이 충분치 않았음을 의미한다. 사해에서는 엽층리가 있는 퇴적층이 발견된다. 사해에는 땅을 뒤섞을 생물들이 없기 때문이다.

수백 미터 높이의 거대 퇴적층에서는 거의 대부분 엽층리가 발견된다. 어찌된 일일까? 땅을 뒤섞는 생물이 없었던 것일까? 아니면 시간이 충분하지 않았던 것일까? 이 지층들에서는 화석이 발견된다. 땅을 뒤섞을 생물들이 있었다는 의미다.

그렇다면 생물 교란 작용을 일으킬 만큼 시간이 충분치 않았어야 한다. 아주 급격하게 너무나 빨리 퇴적되었다는 얘기다. 퇴적층을 뒤섞어 버릴 수 있을 만큼의 시간이 없었던 것이다.

시퀀스(일정한 패턴으로 쌓인 지층 그룹)
대홍수 퇴적층에는 메가 시퀀스가 있다. 시퀀스란 하나로 묶여 있는 퇴적층 다발을 의미한다. 퇴적층 다발 아래 지층에는 침식의 증거가 있어야 하고, 위 지층에도 침식의 증거가 있어야 한다.

시퀀스는 반드시 특정한 순서대로 쌓여 있다. 어떤 종류가 하나, 둘 빠질 수는 있지만, 그 순서는 항상 같아야 한다. 시퀀스 가장 아래쪽에는 커다란 입자를 가진 지층이 있고 위쪽 지층으로 올라갈수록 입자의 크기가 줄어든다.

시퀀스는 한 번의 사건으로 동시에 쌓인 지층의 그룹이다. 처음에는 물이 아주 빠르게 흘러서 바위, 자갈, 모래, 진흙, 석회 등이 한꺼번에 뒤섞여 흘러간다. 그리고 아주 빠른 물의 흐름 때문에 바닥(아래 지층)이 침식된다.

그러다가 물이 조금씩 느려지면서 더 이상 침식 작용을 일으키지 못하는 시점에 이른다. 그때쯤부터 퇴적 작용이 시작된다. 처음에는 무거운 바위부터 가라앉고, 그 다음으로는 큰 자갈, 모래, 진흙의 순이다. 한 번의 엄청난 물의 흐름이 지층 그룹인 시퀀스를 만들어 내는데, 그 순서는 역암, 사암, 셰일암, 석회암 순이다.

북미 대륙에는 5개의 메가 시퀀스가 있다. 그 두께가 수백 미터이며, 수천 미터인 경우도 있다. 이는 5번의 아주 엄청난 급류가 발생했음을 보여준다. 북미 대륙 전체를 뒤덮어서 수백, 수천 미터 높이의 퇴적층을 만들어 낼 만큼 엄청난 양의 급류가 있었다는 말이다.

메가 시퀀스의 아래쪽에는 '대부정합'이 있다. 그랜드캐니언에 있는 지층들을 크게 두 부류로 가르는 큰 간격(침식 흔적)을 말한다. 대부정합 위쪽 지층들이 홍수 퇴적층이고, 아래쪽 지층이 홍수 이전의 퇴적층이다. 그랜드캐니언의 대부정합은 대륙 전체를 덮었던 거대한 홍수가 남긴 침식의 흔적이다.

그랜드캐니언

그랜드캐니언은 그 넓이가 평균 16km, 최대 29km나 된다. 그에 비하면 콜로라도강은 어디에 있는지 잘 보이지 않을 정도로 작다. 과연 평상시 강 너비가 100m에 불과한 콜로라도강이 오랜 세월 흐른다고 해서, 거의 160배나 큰 폭으로 파여진 그랜드캐니언을 만들 수 있을까?

진화론자들은 '어떻게 강물이 저런 협곡을 만들었을까?'라고 묻는다. 수백만 년 동안 콜로라도강이 흐르면서 그랜드캐니언을 조각해 냈다고 답한다. 천천히 흐르는 물이 오랜 세월 조금씩 바닥을 깎아서 지금과 같은 모습이 되었다는 소리다.

그랜드캐니언에서 보면 까마득한 협곡 아래에 강물이 꼬불거리며 흐르고 있다. 꼬불거리며 흐르는 강은 일반적으로 천천히 흐르는 강으로 강바닥이 완만한 경사 지대임을 말한다. 그런데 그랜드캐니언에는 강바닥으로부터 협곡 위로 가파른 경사면이 있다. 이런 가파른 경사면은 대량의 물이 급속하게 흘렀음을 말해 준다. 그랜드캐니언은 천천히 흐르는 물이 만들어 내는 결과와 빠르게 흐른 물이 만들어 내는 결과를 모두 가지고 있다.

그랜드캐니언의 상류부터 하류까지의 강바닥 경사가 완만하다는 것은 사실이다. 문제는 그랜드캐니언의 꼭대기가 강의 입구보다 1200m 가량 높다는 사실이다. 그랜드캐니언이 시작되는 부분과 끝나는 부분의 중간쯤을 가로 질러 거대한 언덕(댐)이 있는 셈이다. 만일 강물이 천천히 흘러서 오랜 시간 동안 조금씩 침식 협곡을 만들었다면, 강물은 1200m 가량을 올라가면서 흘렀어야만 한다. 어떻게 강물이 높은 곳으로 흘러갈 수 있었을까?

그래서 나온 설명이 그랜드캐니언이 융기하는 속도가 강물이 그랜드캐니언을 침식하는 속도보다 빠르지 않도록 수백만 년 수천만 년 동안 잘 조정되었다는 것이다. 만일 그 속도가 조금이라도 어긋나면 물이 위쪽으로 흘러야 하는 황당한 불상사가 생기기 때문이다. 적당히 깎아 내면 조금 융기시키고 또 적당히 깎아 내면 조금 더 융기시키고... 누가 도대체 그랬을까? 우연히 저절로라는 것이다.

진화론은 항상 그들이 생각해 낸 기적 앞에 설 때면, 우연이 행사하는 놀라운 능력을 끌어들인다. 물론 과학적 증거는 절대로 없다. 단지 우연히 저절로 그렇게 되었다고 가정한다. 과학적 증거도 없이 '우연과 확률에 의한 과학'이라는 말장난으로 합리화하는 것이다.

가정을 바꿔 보자. 그랜드캐니언의 위쪽으로는 큰 호수의 흔적이 있다. 거기에 담겼던 물이 넘치며 생긴 홍수가 그랜드캐니언을 침식함으로써 가파르고 깊은 협곡이 생겨났다. 그렇게 생긴 협곡의 밑바닥으로 강물이 흐르게 되었다. 홍수 침식으로 협곡이 먼저 만들어졌고, 그 후 바닥에 강이 만들어졌다고 보는 것이다.

사행천의 형성

"사행(구불구불)천의 패턴은 느린 침식 하천의 특징이므로 대홍수가 갑작스럽게 물러가면서 침식 작용이 일어날 때는 구불거리는 협곡이 만들어지지 않는다. 우각호 역시 그렇다."

과연 그럴까? 홍수에 의해 사행천이 생기는 예는 얼마든지 관찰 할 수가 있다. 바로 바닷가의 갯벌이다. 간만의 차에 의해 생기는 밀물과 썰물은 홍수 상황을 재현해 준다. 바닷가 갯벌(단단한 지역)에 가보면, 갯벌을 채우는 홍수(밀물과 썰물)에 의해 갯벌 바닥에 작은 사행천들이 생긴 것을 볼 수 있다. 홍수에 의해 불어난 엄청난 물이 대륙 위를 물러가고 들어오는 현상이 되풀이되면서 사행천이 형성될 수 있다는 얘기다.

갯벌에서는 밀물(홍수)과 썰물이 만들어 낸 사행천을 따라 남아 있던 바닷물이 흘러내리고 있다. 곳곳에 남아 있던 바닷물이 흐르면서 사행천을 만드는 게 아니다. 밀물과 썰물이 만들어 낸 사행천을 따라 남아 있던 바닷물이 흐르는 것이다.

셰퍼드는 사행천 형성에 대한 실험을 하였다. 물의 양이 적을 때는 하천이 수평으로 깎였다. 반면에 물의 양이 많은 경우에는 침식 면이 수직을 이루는 사행천이 형성되었다. 사행천이 오랜 시간에 걸쳐서 형성되었다는 것은 실험 결과가 아니다. 그럴 것이라는 추측일 뿐이다. 실험에 따르면 수직으로 깎아지른 협곡은 느린 침식으로 생기지 않는다.

콜로라도강 하류에는 수 미터 크기의 큰 돌들이 있다. 현재 콜로라도강 물로는 그런 돌을 운반할 수가 없다. 아주 엄청난 양의 급류(홍수 현상)가 과거에 있었다는 얘기다.

"이런 (오랜 세월 동안 콜로라도강의 침식) 방식으로 깊어지기는 거의 어렵다는 쪽으로 견해가 바뀌었다... 강물만 천천히 흘러서는 그랜드캐니언이 깎일 수 없음이 분명해졌다... 드물게 일어나는 큰 규모의 홍수로만 깊게 만들 수 있다...." (웨인 래니)

평지에서 천천히 흐르는 물은 아무리 오래 흘러도 강바닥을 깊이 파내려 갈 수가 없다. 강바닥에는 언제나 바위, 자갈, 모래가 쌓여 있어서 오히려 깊은 침식을 막아 주기 때문이다. 강바닥이 깊이 침식되려면 바위와 자갈을 휩쓸어 갈 정도의 홍수가 일어나야만 한다.

세인트헬렌스산 - 작은 그랜드캐니언

1980년 5월 18일 오전 8시 32분에 발생한 지진이 산 북쪽을 무너뜨렸고 8분 만에 230평방 마일의 숲이 파괴되었다. 폭발은 저녁때까지 이어졌다. 9시간 만에 산 정상의 4분의 1이 사라졌다. 산의 북쪽과 북서쪽으로 흐르던 강은 화산 쇄설물(크고 작은 부스러기들)에 의해 평균 45m 깊이로 매몰되었다.

화산 쇄설물에 의해 막혀 있던 물이 터지면서 협곡들이 만들어졌다.

그 깊이가 210m까지 되었다. 그렇게 만들어진 협곡을 따라 작은 시내들이 흘러내렸다. 그랜드캐니언의 $\frac{1}{40}$ 크기인 협곡이 생겨난 것이다.

만약 이 협곡들이 만들어지는 것을 관찰하지 못했더라면, 진화론자들은 바닥에 흐르는 작은 하천이 수백만 년 동안 흘러서 협곡이 만들어졌다고 말했을 것이다. 그러나 우리가 관찰한 바대로 하천의 침식 작용으로 협곡이 만들어진 것이 아니고, 협곡이 만들어지고 난 다음에 하천이 흐르게 된 것이다.

"적은 물이 오랜 시간에 걸쳐 파낸 것인가, 아니면 많은 물이 짧은 시간에 파낸 것인가?"

적은 물이 오랜 기간 천천히 흘러서 협곡을 형성하는 것은 어디서도 관찰되지 않았다. 관찰을 통해 확인되는 것은 많은 물이 짧은 시간에 만들어 낸 협곡들뿐이다.

지층

세인트헬렌스산의 분출로 100개가 넘는 지층들이 만들어졌다. 지층이 순식간에 쌓이는 과정을 관찰하지 못했더라면, 그 퇴적층들이 수백만 년에 걸쳐서 만들어졌다고 말했을 것이다. 엄청난 속도로 흐르던 화산 쇄설물은 굵은 입자 층과 미세한 입자 층으로 분리되면서 퇴적되었다. 여러 지층들이 동시에 형성된 것이다. 이것은 실험을 통해 확인한 것과 일치하는 현상이다.

서 있는 통나무

세인트헬렌스산의 화산 폭발로 수많은 통나무들이 호수로 밀려들었다. 시간이 지나면서 물먹은 통나무의 뿌리가 아래로 가라앉으면서 수직으로 호수에 떠 있게 되었다. 수직으로 선 채 통나무들이 하나둘씩 바닥으로 가라앉았다. 그 뿌리는 호수 안으로 계속 밀려들어 오는 퇴적물에 의해 빠르게 덮여졌다. 오랜 시간을 두고 한 개 층씩 만들어진 것이 아니라, 짧은 시간 내에 여러 층들이 순차적으로 만들어졌다.

하지만 과정 없이 결과만을 놓고 보면, 수직으로 묻힌 나무들은 마치 오랜 세월 숲이 번성하다 묻히고, 그 위로 또 다른 숲이 번성하다 묻힌 것처럼 보였다. 실제 일어난 과정을 보지 못했더라면, 분명 오랜 시간 동안 숲이 번성했다가 사라지는 현상이 반복된 것이라는 주장이 먹혀들어 갔을 것이다.

석탄의 형성

스티브 오스틴은 석탄층에 대한 연구로 박사 학위를 취득하였다. 그는 홍수로 수백만 에이커의 숲들이 파괴된 후, 뽑힌 나무들이 뒤엉켜 매트를 이룬다는 '떠다니는 매트 모델'(floating mat model)을 제시하였다. 떠다니는 통나무 매트들이 서로 부딪치면서 껍질이 벗겨져서 바닥으로 떨어졌다. 계속되는 화산 활동으로 발생한 퇴적물이 그 위에 쌓이면서 열과 압력을 제공하였고, 그 결과 석탄층이 존재하게 되었다는 것이다.

오스틴이 박사 논문을 발표하고 나서 10개월 뒤 세인트헬렌스산이 폭발했다. 대량으로 떠다니는 통나무 매트가 호수 안으로 밀려들어 갔으며, 이 통나무들은 나무껍질이 없었다. 벗겨진 나무껍질들은 호수 바닥으로 가라앉아 토탄층을 형성하였다. 만일 그 위에 적절한 열과 압력이 가해진다면 빠르게 석탄으로 변할 것이다.

석탄 형성에 수백만 년이 걸린다는 가정이 도전을 받게 되었다. 석탄은 실제로 실험실 안에서 짧은 시간 안에 만들어질 수 있다. 석탄이 되기 위해서는 오랜 시간이 필요한 게 아니라, 적당한 열과 압력이 필요한 것이다.

진화론적 사고라는 우상

1963년에 거대한 화산이 아이슬란드의 연안 지방에서 분출했다. 지질학자 토라린슨은 이 화산 작용으로 생겨난 섬을 관찰하며 이렇게 썼다.

"나는 둥근 암석이 파도의 작용으로 둥글게 닳는데 수백만 년이 걸린다고 배웠다. 단층 벼랑과 수백 피트 높이의 절벽이 형성되는데도 수백만 년이 걸렸을 것이라고 배웠다. 암석이 모래 입자로 마멸되어 모래사장이 되기까지 수백만 년 이상의 시간이 걸렸다고 배웠다.

만약 어떤 지질학자에게 이 섬에 대해서 알려 주지 않은 채로 물어본다면, 그는 분명히 이 섬이 수백만 년은 되었을 것이라고 말할 것이다. 그리고 이 섬에 있는 암석의 방사성 연대 측정 결과는 수백만 년이나 수십억 년으로 나올 것이라고 나는 확신할 수 있다."

② 화석 (Carl Werner)

"공룡 지층에서 현대에 사는 생물이 발견된 적은 없다."
대다수의 사람들이 일반적으로 갖고 있는 믿음이다. 정말 공룡 지층에서는 현대에 사는 생물이 발견된 적이 없는 것일까?

살아 있는 화석
칼 워너 박사는 자신이 믿어 왔던 진화론에 대해서 철저히 조사해 보기로 결심했다. 진화론의 핵심 주장은 오랜 시간이 흐르면서 동식물이 점점 더 복잡한 형태로 진화해 왔다는 것이다. 이를 검증하기 위해서 워너 박사는 다음과 같은 가설을 세웠다.

"만일 진화론이 틀렸다면, 그래서 생명체가 시간에 따라 진화한 것이 아니라면, 반드시 현대의 동식물이 공룡 화석이 있는 지층에서 발견될 것이다."

이 가설을 검증하기 위해 그는 전 세계의 박물관을 찾아다녔다. 워너 박사가 독일 화석 박물관에서 본 새우 화석은 현재 미국에 있는 새우와 거의 유사했다.

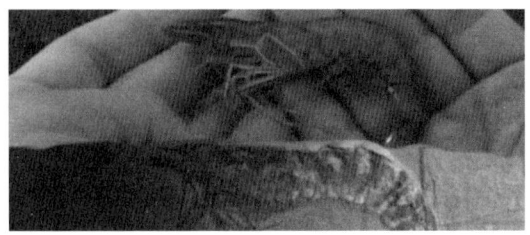

공룡 지층에서 발견된 가재, 게, 랍스타 등의 화석을 확인했다. 잠자리 등의 곤충들과 조개, 산호, 불가사리, 성게의 화석도 확인했다. 이 화석들은 현대의 동물과 너무도 유사했다. 그렇지만 다른 종과 속으로 분류되었다. 동식물이 진화해 왔다는 믿음 때문에 발견자가 화석의 학명을 새롭게 정한 것이다.

캐나다 필드 스테이션 박물관에서 본 악어 화석의 두개골은 현대 악어의 두개골과 거의 일치했다. 그런데 이 악어 화석도 역시 다른 종과 속으로 구분되었다. 악어, 뱀, 거북이, 도마뱀 화석도 보았다. 현재 살아 있는 것들과 완전히 같아 보였다.

"오늘날 인정할 수밖에 없는 한 가지 사실은 개구리나 도롱뇽 같은 양서류가 공룡과 함께 살았다는 것입니다. 그리고 그것들은 아무런 변화(진화)가 없었다는 것이죠." (윌리엄 클레멘스 박사, UC 버클리대 교수)

워너 박사는 진화론이 틀린다면 공룡 발굴 장소에서 현대의 새들을 볼 수 있을 것이라고 예측했다. 몬테나주에서 발견된 화석의 **뼈**를 근거로 복원된 새의 모형은 현대의 뒷부리장다리물떼새와 완전히 똑같다. 미술가가 상상으로 입힌 색깔만 다를 뿐이다.

"확실한 것은 현대의 새들 대다수가 올빼미나 앵무새나 펭귄과 같은 어떤 종류의 새라도 공룡보다 일찍 발견된다는 것입니다. 지금까지 우리가 습득한 것은 뼈의 조각들뿐이며 완전하게 연결된 뼈는 아직 없습니다. (폴 세레노 박사, 시카고 대학)

워너 박사는 현대의 포유류가 공룡과 함께 살았는지 확인하기 위해 척추 고생물학자인 제시 루오 박사를 만났다.

"많은 포유류들이 발견되었습니다. 물론 대부분 뼛조각들뿐이지만요. 완전한 뼈를 갖춘 포유류 화석은 100여 개가 좀 안 됩니다. 물론 다른 종으로 학명이 붙여집니다...."

톰 리치 박사(호주 빅토리아 박물관장)는 공룡 지층에서 어떤 낯선 동물의 턱뼈를 발견하였다. 이 화석은 현대의 고슴도치 턱뼈와 아주 유사했다.

"이 턱뼈를 본다면 어떤 동물을 떠올릴 수 있을까요?"
"턱뼈의 크기와 약간의 이빨을 미루어 보건대, 고슴도치일 겁니다."
"명확하게 말하자면 현대의 고슴도치는 아니라는 말인가요?"
"저는 단지 추측만 할 뿐 확실히 말할 수는 없습니다. 그저 그게 얼마나 고슴도치와 닮았는지 얘기해 줄 수 있을 뿐이죠."

윌리엄 클레멘스 박사는 공룡이 발견된 지층에서 영장류의 이빨을 발견했다. 호주의 과학자들은 공룡 지층에서 오리너구리의 턱뼈를 발견했다. 공룡 새끼를 삼킨 게 위에 남아 있는 포유류 화석도 발견되었는데, 그것은 주머니너구리와 유사하였다.

워너 박사는 현대의 식물들이 공룡과 함께 발견됐는지를 알아보기 위해 런던의 유명한 왕립 식물원을 방문하였다.

"연구를 통해 밝혀진 사실은 공룡 시대의 식물들과 오늘날의 식물은 다른 게 없다는 것입니다. 우리가 현대 식물이라고 당연히 생각하는 모든 종류들이 중생대에도 여전히 존재했다는 것입니다." (피터 크레인 박사, 왕립 식물원)

대부분의 박물관들이 화석과 현대의 생물을 함께 전시하지 않는다. 왜냐하면 이 둘을 같이 전시해 놓으면 대중들에게 시간이 지남에 따라 동물과 식물들이 진화해 왔다는 믿음을 주는데 실패할 수 있기 때문이다.

화석에서는 진화가 관찰되지 않고 있다. 스티븐 제이 굴드도 인정한 사실이다.

"대부분의 (화석)종은 불변하며 이러한 무(無)진화 현상에 대해 모든 고생물학자들은 이미 알고 있다. 다만 공개적으로 말하지 않을 뿐이다. 그 이유는 이것이 학계를 지배하고 있는 다윈의 이론과 상반되기 때문이다."

중간고리

다윈은 생물이 오랜 시간이 흐르면 완전히 다른 종으로 변화할 수 있다고 생각했다. 공룡이 새로 변하거나 무척추 동물이 물고기로 변한다는 것이다. 하지만 화석은 한 종이 다른 종으로 변하는 것을 보여 주지 않는다.

"다윈은 『종의 기원』에서 화석에 대해 두 장에 걸쳐서 서술하고 있는데, 화석이 자기 이론을 확실히 증명해 주기 때문이라고 생각하기 쉽지만, 사실은 화석이 진화론을 지지하지 않는다는 사실에도 불구하고 자연 선택이 옳다고 주장하고 있기에 사과하고 있는 겁니다." (앤드류 놀 박사, 하버드대)

다윈은 화석 증거의 결핍을 화석 수집이 부족한 탓으로 돌렸다. 이후로 화석이 더 많이 발견되면 그의 이론이 입증될 것이라고 주장했다.

"저희는 900만 개의 화석을 가지고 있으며 수백 미터 길이의 건물 전체를 채울 수 있습니다." (안젤라 밀러박사, 런던 자연사 박물관)

"얼마나 많은 물고기 화석이 박물관에 있냐구요? 적어도 수십만 개 아마 50만 개 정도 있을 겁니다. 척추동물 중에서 물고기 화석이 가장 많지만 무척추동물이 물고기로 변하는 중간 화석은 하나도 없습니다." (존 롱 박사, 멜버른 빅토리아 박물관 관장)

척추동물의 기원에 대한 책을 무수히 내고 중간 단계의 그림을 엄청나게 그려 대지만, 그건 단지 상상일 뿐이다.

박쥐 화석은 1000개가 넘게 발견되었지만, 중간 단계 화석은 아직도 발견되지 않았다.

"박쥐들은 언제나 완전히 발달된 형태로 나타납니다." (건터 바이올 박사, 독일 쥐라기 박물관)

진화론자들은 물개가 스컹크나 수달에서 진화했다고 한다.

"물개의 중간 단계 화석은 없습니다. 뼈의 형태를 보면 대부분 물개임이 분명히 드러납니다." (이리나 코레스키 박사, 하버드대)

고생물학자들은 3천 개의 공룡 두개골을 발견했다. 이빨과 뼈의 조각까지 합치면 10만 개 이상이다. 이런 엄청난 수집에도 불구하고 어떠한 공룡도 그 조상이 발견되지 않았다.

"우리는 어떻게 수많은 종류의 공룡들이 생겨났는지에 대해 아직 아무것도 모릅니다." (안젤라 밀러 박사, 런던 자연사 박물관)

고래의 진화?
다윈은 『종의 기원』에서 고래는 곰에서 진화했을 거라고 했다. 캘리포니아 과학 센터의 진화론자들은 하이에나와 같은 동물이 고래로 진화했다고 주장한다. 하이에나의 이빨이 멸종된 고래와 비슷하기 때문이다. 일본의 생물학자들은 DNA의 유사성을 근거로 하마와 같은 동물에서 진화했다고 주장한다.

미시건 대학의 자연사 박물관에 전시된 그림에 따르면, 암블로세투스는 걸어 다니는 고래라고 추정되는 화석이다.

"고래가 다리를 가지고 걸어 다닌 것을 보여 주는 화석을 발견하였습니다." (안나리사 베르타 박사, 샌디에이고 주립대)

그런데 최근에 몇몇 진화론자들은 암블로세투스가 고래의 조상이라는 주장에서 한걸음 물러섰다.

"암블로세투스는 이상하게 머리 꼭대기에 눈이 올라가 있는데, 이건 고래의 특징이라 할 수 없습니다." (필 깅그리치 박사, 미시건대)

고래의 진화에서 가장 확실한 중간 단계의 화석은 로도세투스라고 한다. 네 개의 다리와 더불어 꼬리지느러미와 물갈퀴가 있어서 고래처럼 헤엄쳤다고 추정한다.

"좀더 늦게 발견된 로도세투스는 긴 꼬리지느러미를 가진 척추동물이죠." (안나리사 베르타 박사, 샌디에이고 주립대)

복원된 로도세투스의 그림에는 꼬리지느러미가 있지만, 화석에는 꼬리 부분이 없다. 깅그리치 박사는 로도세투스 화석을 발견하고 복원한 장본인이다.

"저는 로도세투스에 꼬리는 없었다고 말씀드렸었구요. 그래서 꼬리지느러미 같은 게 있었는지도 알 수가 없습니다. 저는 아마 그런 게 있었을 거라고 추측했었던 거지요. 나중에 앞발과 다리뼈를 발견했습니다. 로도세투스의 앞발에는 고래와 같이 헤엄을 칠 수 있는 물갈퀴가 없었습니다. 물갈퀴가 없었다는 것은 헤엄을 칠 수 있는 꼬리지느러미 역시 없었다는 것을 의미합니다."

많은 전문가들이 고래가 진화를 증명하는 최고의 화석이라고 여긴다. 하지만 그건 이러한 사실을 모르기 때문이다.

조작된 화석

1990년대 중반 깃털로 완전히 덮인 화석이 발견되었다. 진화론자들은 그건 새의 진화를 지지하는 매우 특별한 화석이라고 하였다.

티머시 로웨 박사는 진화론을 믿는 고생물학자이며 텍사스 대학의 시티 촬영 연구소에서 일하고 있다. 로웨 박사가 이 화석을 자세히 조사해 보았다.

"큰 바위 덩어리에서 떨어진 하나의 조각 같지만, 사람이 만든 겁니다. 회반죽과 금속 조각이 그 안에 숨겨져 있습니다. 조작을 감추기 위해 조심스럽게 색칠도 해 놓았습니다. 턱뼈는 다른 동물의 뼈로 대체했다는 것도 알아냈습니다."

조작된 화석과 로웨 박사의 만남은 이게 마지막이 아니었다. 아키오랩터라 불리는 두 번째 화석이 내셔널지오그래픽을 통해 그에게 전해졌다. 공룡이 새로 진화했다는 걸 증명하는 잃어버린 연결고리였다.

로웨 박사는 컴퓨터로 스캔을 해서 화석의 횡단면을 살펴보았다. 그는 공룡과 새를 포함한 서로 다른 5종류에 속하는 26개의 뼈가 섞여 있는 것을 발견하였다.

로웨 박사는 이런 사실을 내셔널지오그래픽에 보고했다.

"우리가 가진 데이터와 자료들을 지오그래픽 대표에게 보여 주었습니다. 하지만 그의 대답은 문제가 없다는 것이었습니다. 그들은 기자 회견장에서 이 화석이 진짜라고 발표했습니다. 정말 충격적이었습니다."

석 달 후 내셔널지오그래픽은 아키오랩터의 발견을 기사화하였다. '나는 공룡, 잃어버린 연결 고리, 공룡이 새로 진화한 최고의 증거...' 결국 로웨 박사가 발견한 조작된 화석이라는 진실은 무시되고 말았다.

③ 공룡

공룡 화석의 신비

2010년 '60분'이라는 TV 프로그램에서 메리 슈바이처가 공룡 티라노사우루스 렉스의 뼈 속에 아직도 남아 있는 신축성 있는 살점을 보여 주었다.

"저것은 뼈가 오래되지 않았을 때나 예상할 수 있는 연부 조직입니다. 이건 불가능한 일이예요. 이건 6800만 년 전의 뼈란 말이에요."

메리와 연구진은 그 발견을 여러 과학 잡지에 기고했고, 그로 인해 비난을 들었다. 비평가들은 그들의 샘플이 오염되었거나, 그들이 발견한 것은 혈관이 아닐 것이라고 비판했다. 메리는 더 오래된 공룡의 뼈를 가지고 실험해 보았다. 몇 번을 되풀이해도 동일한 결과가 나왔다.

공룡 화석에서 연부 조직을 발견한 사람은 메리 슈바이처만이 아니다. 마크 아미티지도 공룡 트리케라톱스의 뿔에서 완전한 골세포를 발견했다. 런던 임페리얼 대학의 과학자들도 공룡 뼈에서 '섬유 및 세포 구조'를 발견했다.

공룡 뼈에 대한 방사성 탄소 연대 측정 결과 많은 사례들에서 측정 가능한 방사성 탄소가 검출되었다. 방사성 탄소(반감기 5730년)는 10만 년 이상 된 시료에서는 거의 남아 있을 수가 없다.

6천 5백만 년 전에 멸종했다는 공룡 뼈에서 과학자들이 예상하지 못했던 연부 조직이 발견되는 일이 이젠 흔한 경우가 되었다. 그래서 연부 조직이 수천만 년 동안 남아 있는 현상에 대한 과학적 이유를 둘러 대야 할 필요가 생겼다.

만일 공룡들의 화석이 수천만 년 되었다면 이 뼈 속에서 단백질 조직이 발견되어서는 안 된다. 하지만 많은 경우 골세포와 같은 단백질이 검출된다. 방사성 탄소는 수십만 년 이상 된 화석에서는 측정되지 않아야 한다. 하지만 공룡 뼈에서는 다량의 방사성 탄소가 측정된다.

공룡과 사람의 공존

놀랍게도 수천 년 전 고대 잉카인(페루)들은 트리케라톱스의 모습을 정확하게 그려 놓았다. 심지어 피부 가죽에 있는 둥근 문양까지 말이다. 뼈 화석만 가지고는 절대로 알 수 없는 트리케라톱스의 겉모습이다. 공룡학자들도 최근에야 알게 된 사실이다. 그런데 잉카인들은 어떻게 미리 알고서 둥근 문양을 그려 놓았던 것일까?

멕시코의 아캄바로에서 고대 공룡 인형들이 수만 점 발굴되었다. 수천 년 전 아메리카 대륙(유타주 브릿지 국립 기념물)의 고대 아나사지 인디언들의 동굴에 공룡 벽화가 있다. 수천 년 전 고대 메소포타미아인들이 원통형 인장에 공룡 문형을 새겨 넣었다. 고대 이집트인들은 사자처럼 공룡을 사냥하기도 했는데, 그 일상이 그려진 삽화가 발견되었다. 그들 문자로 공룡은 악어표범이라 불렸다.

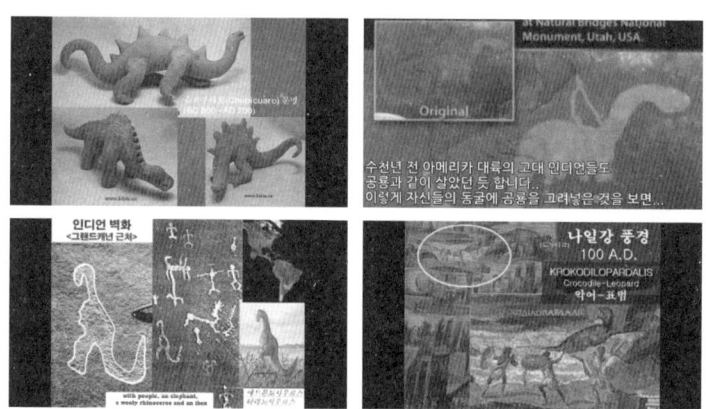

만일 공룡과 인간이 다른 시대에 살았다면 공룡과 인간의 발자국이 한 지층 안에 같이 찍혀 있으면 안 된다. 하지만 인간 발자국과 공룡 발자국이 함께 찍힌 화석들이 발견되곤 한다.

공룡 시대에 살다 멸종했다는 실러캔스가 오늘날 바다에서 잡히고 있다. 그렇다면 실러캔스처럼 공룡도 지구 어딘가에 존재하고 있는 것은

아닐까? 네스호의 괴물처럼 말이다.

익룡 사진의 진실(Lu Paradise)

1950년대와 1960년대 사이에 미국에서 발행되었던 책이 한 권 있었다. 1990년대 초반쯤 되어서 그 책에 들어 있던 낡은 사진 한 장이 스캔되어 인터넷에 올려졌다.

1) 책에 실렸던, 첫 번째 진짜 사진

군인들이 잡은 동물은 프테라노돈이다. 책의 설명에 따르면, 1864년 미국 남북 전쟁 중에 빅스버그시 근처에서 잡은 것이다. 6천 5백만 년 전에 멸종한 공룡이 아직 살아 있다니....

2부, 진화론은 과학이 아니다 181

2) 첫 번째 사진을 모방한, 가짜 사진

두 번째 사진은 가짜다. 누가 왜 이런 가짜 사진을 만들었을까?

오늘날 대부분의 사람들은 익룡 사진을 조작이라 할 것이다. 익룡은 6천 5백만 년 전에 멸종했다고 배웠기 때문이다. TV 프로그램에서 두 번째 사진을 제시하면서 익룡 사진은 가짜라고 방송을 했다. 과연 첫 번째 사진도 가짜일까?

1900년까지는 프테라노돈이 어떻게 생겼는지 알지 못했다. 사진은 1864년에 촬영되었다.

"이 사진은 진화론에 대한 불신을 획책하려는 근본주의 창조론자들의 음모에 의해서 1960년대 책이 출판되기 이전에 만들어진 가짜이다."

이는 설득력이 없는 주장이다. 왜냐하면 사진이 1950년대쯤 조작되었다는 얘긴데, 그때는 가짜 익룡 사진을 위조할 정도로 열렬한 창조론자가 거의 없었다. 1960년대가 되어서야 비로소 진화론이 고등학교에 급속도로 퍼져 나갔고, 1960년대 중반이 되어서야 비로소 홍수 지질학을 내세운 젊은 지구론자(과학적 창조론자)들이 나타났기 때문이다.

왜 굳이 가짜 사진을 만들었을까? 이미 널리 퍼져 있는 진짜 사진을 모두 없애는 것은 불가능한 일이다. 그래서 진화론에 위협적인 사진을 제거하기 위해 가짜 허수아비 사진이 필요했던 게 아닐까?

언론들이 포토샵으로 조작된 가짜 익룡 사진에 대해 보도함으로써 진짜 익룡 사진도 덩달아 조작으로 간주되었다. 그러나 그 사진이 책에 실린 시기는 1960년대이다. 그때는 포토샵이나 컴퓨터가 존재하지도 않았다.

살아 있는 공룡(Kent Hovind)

아프리카 중앙에 리쿠알라늪이 있다. 미국의 플로리다주 정도의 크기이다. 1770년대에 작성한 늪에 대한 보고서가 있었다. 그곳에 갔던 선교사들이 공룡이 아직 그 곳에 살고 있다고 했다. 1910년에는 뉴욕 헤럴드가 '여전히 아프리카 늪에 살고 있는 공룡'이라는 기사를 실었다.

그곳 원주민들에게 아파토사우르스 사진을 보여 주면 '모클리 암멤비'라고 부른다. 그 동물은 물에 살고 있으며 아주 희귀하다. 아주 이른 아침이나 아주 늦은 밤에 나타나며 가장 좋아하는 식물은 말롬보이다.

메칼 박사는 시카고 대학교의 미생물학 교수이다. 그 동물을 자세히 연구하고 『살아 있는 공룡?』이라는 책을 썼다. 그는 진화론을 믿지만, 아프리카 늪 속에서 아직 살고 있는 공룡에 대한 책을 썼다.

아프리카에는 익룡도 있다. 콩고의 원주민들은 그것을 '콩가마토'라고 부르고, 케냐 원주민들은 '바탐징가'라고 부른다. 케냐의 올림픽 육상

팀에 있었던 스티브 로만디는 미국 루이지애나에서 학교를 다녔다. 그도 고향에서 그 동물을 보았다고 말했다. 그 동물이 가장 좋아하는 음식은 썩어 가는 사람의 시체인데, 무덤을 파서 시체를 먹곤 한다고 했다.

스코틀랜드에는 그 유명한 '네스호'가 있다. 1933년까지는 호수를 보려면 배를 타고 강을 10km 이상 거슬러 올라가야 했다. 1933년 길 공사가 시작되던 해에 네스호의 괴물을 봤다는 52번의 목격담이 있었다. 지금까지 네스호의 괴물에 대한 11,000번의 목격담이 보고되었다. 물론 그 중 일부는 가짜이고 사기이다.

의회의 일원인 피터 스콧 경도 봤는데, 그것이 플레시오사우루스라고 생각한다고 했다. 그것을 본 대부분의 사람들이 플레시오사우루스를 지목한다.

"혹자는 네시가 플레시오사우루스라고 생각하는데, 이는 잘못된 주장이다. 우리가 믿기로 플레시오사우루스는 7천만 년 전에 멸종되었다." 과연 그럴까? 진화론이야말로 과학 연구에 있어서 가장 큰 장애물이다. 과학자는 어떤 사실을 볼 때, 관찰 사실에 근거해서 결론을 내려야지, 믿음을 근거로 관찰 사실을 부정하면 안 된다.

아서 그랜트는 어느 날 밤 오토바이 사고가 날 뻔했다. "나는 그 동물을 거의 오토바이로 칠 뻔하였다. 긴 목이 있었으며 작은 머리 위에 계란 모양의 커다란 눈이 있었다." 그는 수의과 학생이었다. 그가 그린 그림이 있다. 20피트(약 6m)길이의 플레시오사우루스이다.

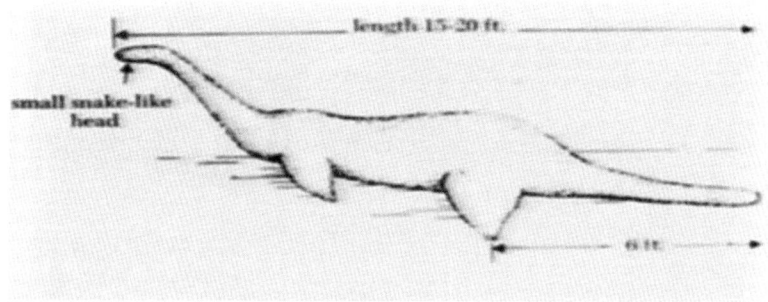

알렉산더 캠벨은 47년 간 네스호의 관리인이었는데 네시를 18번 보았다고 했다. 그가 그린 그림이 있다.

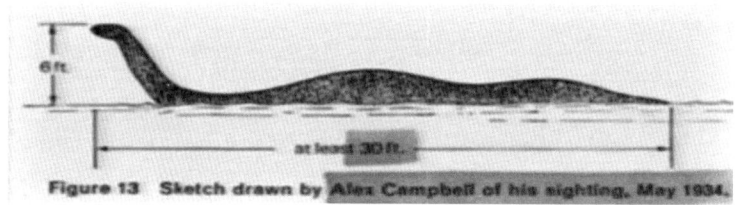

1925년 캘리포니아에서 큰 동물이 해변에 떠내려 왔다. 목만 20피트 (약 6m)길이였다. 그것을 조사한 사람들은 플레시오사우루스라고 했다. 어떤 이들은 부리고래의 희귀한 형태라고 했다. 그렇게 희귀해서 20피트 (약 6m)길이의 목이 있는 것인가? 그것을 본 사람들은 플레시오사우루스라고 하는데, 왜 그렇게 믿기가 어려울까? 자기들의 이론에 맞지 않기 때문이다.

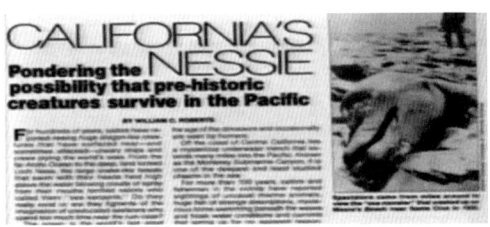

살아 있는 공룡에 대한 인터뷰들

챔프

- 저는 캔트 호빈드입니다. 1993년 8월 31일 샌디 맨시와 함께 있습니다. 챔프를 보셨다고요?

-> 그때 그냥 호수를 구경하면서 앉아 있었습니다. 제 남편이 차로 카메라를 가지러 갔고, 그 사이 호수에 동요가 있었습니다. 머리가 수면 위로 올라오더니 이어서 목과 등이 올라왔습니다. 물고기가 아니었어요.

- 혹시 그것을 보았다는 사람들을 만나 보셨나요?

-> 6명 정도 만났어요. 모두 얘기하는 것이 아주 비슷했습니다. 그러니까 우리가 전부 미쳤다거나, 아니면 진짜로 본 것이겠지요.

- 당신이 찍은 사진이 1981년 7월의 타임지에도 실렸는데, 지난주에는 '풀리지 않는 미스터리'에도 출연하셨다면서요?

-> 세 번이나 방영했습니다. 첫 번째가 1992년 9월이었죠.

- 벽에 있는 챔프 사진을 어떤 신사분이 보셨다면서요?

-> 80대 후반 정도의 노신사가 사진을 뚫어지게 보더니 뭐냐고 물었

습니다. 저는 챔플레인 호수의 '챔프'라고 말해 주었죠. 그때 그가 비밀 이야기를 털어놓았습니다. "어려서 챔플레인 호수로 할아버지와 낚시하러 갔을 때, 괴물 같은 큰 것이 물에서 나왔어요. 할아버지가 챔프라고 하면서 사람들이 미쳤다고 할 테니 아무에게도 말하지 말라고 하셨지요. 그래서 이제까지 아무에게도 말하지 않았답니다. 나도 미치지 않았고 나의 할아버지도 미치지 않았어요. 우리는 살아 숨 쉬는 공룡을 보았습니다."

오고포고
캐나다에 오카나간 호수가 있는데, 그 길이가 80마일이다. 원주민들은 거기에 사는 동물을 '오고포고'라고 부른다. 수천 명의 사람들이 그것을 봤다고 주장한다.

→ 저는 택시를 가지고 있는데, 손님을 내려 주고는 도중에 잠시 차를 세우고 호수를 바라보다가 깜짝 놀랐습니다. 뭔가 물 위로 올라왔거든요. 어떤 사람이 뭘 보고 있냐고 물었습니다. "오고포고요." "어디, 어디?" 그 순간 그것이 물속으로 미끄러져 들어갔습니다. 저는 흥분해서 차를 몰고 가서 아침을 먹고 있는 사람들에게 말했습니다. "방금 오고포고를 봤어요." "대체 아침부터 뭘 마셨소?"

→ 저는 4년 전에 오고포고를 보았습니다. 우리는 해변에서 소풍을 즐기고 있었는데... 제 딸이 그네를 타고 있을 때, 물 아래에서 올라오는 뭔가를 보았습니다. 저는 그것이 전설의 오고포고라는 것을 알았습니다. 기절초풍해서 아기를 안고 해변으로 도망가면서 계속해서 소리를 질렀습

니다. "그거다." 그 동물이 거기 한참을 있었습니다. 그리고는 저 막대기들 옆을 지나갔어요. 지나갈 때는 3개의 굽은 등만 보였어요. 해변을 따라 저 구석까지 갔다가 돌아서 호수를 똑바로 건너갔습니다.

④ 지구의 나이

"(오래된) 연대를 무시한 진화론은 불가능하며 상상도 할 수 없다."

(천체 물리학자 에딩턴)

17세기경 지구의 나이는 6천 년 정도였다. 19세기 초에는 7만 5천 년이 되었다. 캘빈은 2,000만 년 남짓으로 추정하였다. 생명 진화를 말하기에는 너무 젊다고 하자, 캘빈은 아무리 많아도 1억 년은 넘지 않을 것이라고 했다. 1921년 영국 과학 진흥 협회는 15억 년으로 늘렸다. 1931년 미국 지질학적 시간 측정 위원회는 16억 년에서 30억 년 사이라고 했다. 1942년 켈링은 39.5억 년이라고 했고, 1956년 패터슨은 45억 5500만 년이라고 했다.

현재 가장 널리 받아들여지는 지구 나이는 45억 6500만 년이다. 자꾸 늘어나는 지구 나이를 믿어도 되는 것일까? 지구 나이는 생명체가 우연히 생겨나서 천천히 진화했을 것이라는 가정에 따라 추정된 값이다. 방사성 연대 측정 방법이 생겨나기 이전부터 말이다. 과학적 실험으로 입증된 사실이 아니라, 진화론자들이 합의한 기대치일 뿐이다.

앞으로도 진화론자들은 지구 나이를 더 늘려야 할 것 같다. 과학의 발달로 세포와 유전자에 대한 지식이 점점 깊어지고 있기 때문이다. 이렇게 복잡하고 정교한 유전자 정보가 우연히 저절로 만들어지기에는 시간이 너무 짧은 것이다.

"생명의 기원과 관련된 수수께끼 가운데 하나는 지구의 역사가 아무리 길다 해도 생명이 지구에서 탄생하기에는 시간이 충분하지 않아 보인다는 점이다. 무생물, 유기 화합물이 자발적으로 결합해 번식하는 세포 덩어리로 탄생하는 것은 아주 어렵거나, 거의 기적에 가까운 사건이다."

거의 기적에 가깝다니? 엄청난 기적이다.

지구의 나이를 추정하는 다양한 방법들

바다

침식 속도로 지구 연대를 추정해 볼 수 있다. 물과 바람은 대륙으로부터 200억 톤 이상의 진흙과 암석을 깎아 내서 바다에 퇴적시킨다. 지금 바닷속에 있는 퇴적층의 평균 두께는 400m 미만이다. 이 정도 퇴적층이 쌓이는 데는 1500만 년 정도면 충분하다. 지구 나이가 수십억 년이라면 바다로 흘러간 침식물들은 어디로 간 것일까?

소금도 해마다 바다로 흘러들고 있다. 바다의 소금 농도는 평균 3.5% 정도이다. 계속 짜지고 있다. 바다의 소금기가 늘어나는 속도를 가지고 계산해 보면 4000만 년 내지 6000만 년 정도가 나온다. 바다에 있는 다른 물질들을 가지고 계산해 보아도 바다가 몇 십억 년이 되었다는 결과는 나오지 않는다.

헬륨

우라늄 붕괴는 납 이외에도 헬륨을 만들어 낸다. 만일 지구가 46억 년 되었다면 대략 10조 톤 정도의 방사성 헬륨이 지구 대기 속에 남아 있어야 한다. 하지만 실제로는 35억 톤 정도이다. 이를 근거로 지구의 나이를 계산해 보면 약 17만 5천 년이 나온다고 한다. 이 문제점을 해결하기 위해 제시된 이론이 헬륨의 99% 이상이 우주로 사라졌다는 것이다. 하지만 최근 연구에 따르면 헬륨이 오히려 태양계로부터 지구로 유입된다고 한다. 이것까지 계산에 넣으면 지구 나이는 훨씬 더 줄어들 것이다. 과연 지구의 진짜 나이는 46억 년인가, 17만 5천년인가? 아니면 그 이하인가? 과학적으로 정직한 답은 '모른다'이다.

줄어드는 자기장

지구는 아주 거대한 자석이다. 1835년 이래 측정한 결과를 보면 지구 자기장은 점점 감소하고 있다. 지구 자기장의 반감기는 1400년이라고 한다. 만일 지구가 수십억 년 되었다면 과거 지구 자기장의 크기가 엄청나게 커지게 된다. 그런 지구에서 생명체가 생겨서 진화할 수 있었을까?

러셀 험프리는 우주의 나이를 6,000년으로 가정하고 태양계 행성들의 자기장 세기를 예측하였다. 놀랍게도 6개의 예측 중 5개가 예측 범위 안에 들어왔다. 만약 태양계가 생겨난 지 수십억 년이 지났다면, 어떻게

6,000년으로 가정하고 행한 예측이 맞는 것일까? 왜 수십억 년이라고 가정하고 행한 예측은 하나도 맞지 않았던 것일까?

놀랍게도 이 예측 결과는 과학 논문지에 실리지 못했다. 그 이유는 우주를 6,000년이라고 가정했기 때문이다. 과학은 예측과 관찰을 통해서 입증되는 것이다. 실제 데이터를 정확하게 예측한 이 연구 결과가 과학 논문지에 실리지 못했기에 과학이 아니라고 하는 것이 과연 과학적인가?

인구 증가

현재 지구의 인구가 70억이다. 진화론자들은 50만 년 전에 인류의 조상이라 불리는 호모 사피엔스가 나타났다고 한다. 두 남녀 호모 사피엔스로부터 인구를 계산해 보자. 한 세대면 2명이 최소한 4명은 될 것이고, 한 세대(약 30년)마다 두 배가 된다. 질병이나 재난 등에 의한 인구 감소를 감안해서 150년마다 두 배씩 늘어난다고 가정해 보자. 아니 좀 더 안전하게 500년마다 두 배씩 늘어난다고 가정해 보자.

(1) 진화론에 의하면, 두 명이 500년마다 두 배씩 늘어나면 50만 년 후 대략 10^{300} 명이 되어야 한다. 그런데 알다시피 100억이 10^{10}밖에 안 된다. 100억×100억×100억×100억×100억×100억×100억×... 이런 식으로 100억을 30번 곱해서 나온 인구가 된다는 것이다. 엄청난 숫자다.

(2) 창조론에 의하면, 4500년 전 노아 홍수 때 남은 8명이 150년마다 두 배씩 늘어나면 65억 명이 된다.

오랜 지구의 나이와 모순되는 사실들

달

달은 조석력에 의해서 지구에서 조금씩 멀어져 간다. 1년에 1.5인치 정도이므로 그리 크게 문제될 일은 아니다. 그러나 시간이 오래 지났다면 얘기가 달라진다. 지금 지구와 달의 거리가 15억 년 전에는 어떠했을까? 현재 멀어지는 속도로 계산해 보면, 15억 년 전 지구와 달은 붙어 있어야 한다. 그런데도 달이 45억 년 전에 생성되었다고 해야 하는 것일까?

지금까지 달의 활동성을 보여 주는 관측은 모두 무시되었다. 달의 나이는 45억 년이고, 지난 30억 년 동안 지질학적으로 죽은 상태라는 진화론의 믿음 때문이다. 달의 크기는 지구의 4분의 1이다. 당연히 지구보다 빨리 냉각되었을 것이고 마그마도 남아 있지 않을 것이다.

그러나 달의 활동성을 나타내는 관측들이 자꾸 발견되고 있다. 더 이상 주류 과학 논문들도 외면하기 힘들 정도가 되었다. 1968년 NASA는 달의 지질학적 활동성을 보여 주는 관측 자료에 대한 목록을 발표하였다.

식지 않은 별

목성은 태양에서 받는 에너지의 두 배 정도를 방출한다. 목성이 수십억 년 되었다면, 왜 아직도 내부 열을 가지고 있는 것일까? 토성은 목성이 방출하는 에너지의 절반 정도를 방출하지만, 질량이 목성의 4분의 1 정도이다. 질량 당 에너지 방출로 따지면 목성보다 두 배나 더 많다. 해왕성도 받는 에너지의 2.7배 정도를 방출하고 있다. 이 행성들은 수십억 년 동안 지속될 수 있을 만큼의 에너지원을 어딘가에 숨겨 두고 있는 것인가? 그게 아니라면, 아직 냉각되어질 만큼 그렇게 오래되지 않았기 때문일까?

혜성

혜성은 먼지와 얼음으로 되어 있다고 한다. 태양을 돌 때마다 상당 부분이 녹아 버린다. 그래서 수억 년 동안 존속될 수가 없다. 만일 태양계가 수십억 년 전에 생겨났다면 어디선가 끊임없이 혜성을 공급하는 곳이 있어야 한다. 진화론자들은 그곳을 오르트 구름이라고 부른다. 하지만 오르트 구름을 본 사람은 아무도 없다. 관측 증거도 없다. 이론 상 필요해서 만든 것이다.

"오르트는 아직 관찰된 적은 없지만, 그 이론이 혜성 궤도의 분포를 잘 설명하기에 대부분의 천문학자들은 그것의 존재를 받아들인다."

오르트 구름으로 문제가 해결되는 게 아니다. 만일 수십억 년이 지났다면 그 얼음 덩어리들끼리 서로 충돌해서 오르트 구름 역시 다 사라져 버렸을 것이다. 이 문제를 해결하기 위해 또 다른 세계를 상상해 냈다.

"오르트 구름에 얼음 덩어리를 공급하는 또 다른 얼음 구름이 더 먼 곳 어딘가에 있을 것이다."

진화론자인 칼 세이건은 『혜성』이라는 책에서 이렇게 기술하고 있다.

"많은 과학 논문들이 매년 오르트 구름의 성질, 기원, 그리고 그것의 진화에 대해서 쓰고 있다. 그러나 아직까지 오르트 구름의 존재에 대한 직접적인 관측 증거는 하나도 없다."

혜성들은 수명이 있으며 그 숫자가 한정되어 있다. 만약 태양계의 나이가 46억 년이라면, 혜성들은 이미 오래 전에 사라졌어야 한다. 그러나 혜성들은 지금도 여전히 많이 존재한다. 태양계가 그리 오래 되지 않았기 때문이지 않을까?

나선형 은하계

은하계 별들의 회전 속도 차이 때문에 만약 은하계가 수억 년 이상 되었다면 현재처럼 나선형 모양이 아니라 모양 없는 원반형이 되어야 한다. 그러나 우주에는 나선형 은하계가 널려 있다. 은하계가 수십, 수백억 년 되었다는 가정과 충돌하는 현상이다. 이를 '감겨지는 딜레마'라고 부른다. 진화론자들은 이 현상을 설명하기 위해 많은 가설(증명되지 않는 가정)들을 고안해 내고 있는 중이다.

홀극

앨런 구스는 홀극(Monopole)의 개수로 우주의 연대를 추정하는 연구에 참여하였다. 빅뱅 이론대로 초기 우주가 엄청 뜨거웠다면 수많은 홀극이 생성되었어야 한다. 그런데 계산 결과는 우주가 약 10,000년 정도밖에 안 되었다는 것이다.

그들은 계산 결과를 부정했다. 우주가 지구보다 더 젊을 수는 없다는 믿음 때문이었다. 그래서 홀극이 많이 생기지 않아도 될 이유를 찾다가 급팽창 이론을 만들었다. 빅뱅 이후 우주가 급격히 냉각(급팽창)되었다면 홀극이 많지 않아도 되기 때문이다. 하지만 급팽창이 어떻게 시작되었으며 어떻게 멈췄는지는 설명할 수가 없었다.

그런데 문제가 생겼다. 플랭크 위성에서 보내온 데이터가 급팽창 이론에 부합하지 않는다는 것이다. 플랭크 위성을 띄운 유럽 항공 우주국의 과학자는 이렇게 말했다.

"이 지도의 큰 특징들에 가장 근접한 이론조차도 관측된 데이터와 부합하지 않습니다."

명왕성

2015년 9월 동아일보에 도발적인 기사가 났다. '창조 과학이라는 유사 과학'. 기자는 창조 과학이 사이비 과학이고, 비문명적이라 규정했다.

그 당시 뉴호라이즌스호가 명왕성을 지나면서 찍은 사진이 공개되었다. 명왕성 사진을 본 과학자들은 충격을 받았다. 예측과는 달리 명왕성이 아직도 활동적이었기 때문이다.

진화론자들은 명왕성이 충돌 분화구로 가득한 곰보 상태일 거라고 예상했다. 또한 크기가 아주 작기에 생성 초기(46억 년 전)의 열이 다 식어서 더 이상 지질학적인 활동이 없을 것이라 예측했다. 그런데 명왕성의 사진을 보니 깨끗한 얼음 평원이 펼쳐져 있었다. 아주 최근에 지표면이 재포장되었다(지질학적인 활동이 있다)는 증거다.

"만약 어떤 화가가 명왕성을 이렇게 그렸다면, 나는 과장되었다고 말했을 것이다. 그러나 그것이 실제 명왕성의 모습이었다... 아무도 이를 예측하지 못했다." (앨런 스턴, 뉴호라이즌스호의 연구 책임자)

하지만 젊은 지구를 믿는 창조 과학 측은 명왕성 사진 자료를 받기 며칠 전인 2015년 7월 9일에, 명왕성은 지질학적으로 활발하여 지표면이 재포장된 증거들이 발견될 것이라고 예측했다. 예측이 정확하게 들어맞았다.

반면에 진화론 과학자들의 예측은 완전히 빗나갔다. 그들은 관찰된 사실에 대해 뭐라 할 말이 없었다. 그들이 믿는 46억 년이라는 가정 하에서는 설명할 방법이 없었다.

그런데도 기자는 창조 과학 측이 관측 결과를 보고 자신들의 주장을 끼워 맞추었다며 사이비 과학이라 왜곡한 것이다. 분명히 뉴호라이즌스호의 관측 결과가 나오기 전에 한 예측이었는데도 말이다.

진실은 뭘까? 오히려 진화론이 사이비 과학이라고 해야 하지 않을까? 오랜 지구라는 자기 신앙에 갇혀서 예측 결과가 맞지 않음에도 불구하고 여전히 그 이론이 옳다고 주장하고 있으니 말이다.

⑤ 별의 거리

별빛의 이동

어떻게 수백억 광년 떨어져 있다는 우주 끝 쪽에 있는 별빛이 수천 년 안에 지구까지 올 수 있는가? 이 질문에 명확하게 답하지 못하는 것을 보며, 창조론이 틀렸다고 판단하는 사람들이 많다. 과연 그럴까?

빅뱅 이론에 따르면, 우주는 초기 고밀도 상태에서 어느 순간 알 수 없는 원인에 의해 모든 방향으로 확장되기(팽창/빅뱅) 시작하였다. 우주는 서로 다른 방향으로 각각 팽창해 가고 있기에 이쪽 끝과 저쪽 끝이 서로 접촉할 시간이 없었다. 우주의 이쪽과 저쪽 끝부분들이 서로 온도(빛/

복사열)를 주고받을 수가 없었다는 말이다. 그렇다면 우주 각 부분들이 서로 다른 온도인 상태에서 팽창이 시작되었기에(빅뱅 이론의 주장대로) 우주의 이쪽과 저쪽 끝은 서로 온도가 달라야 한다.

그런데 빅뱅 시에 남은 흔적이라고 추정하고 있는 소위 우주 배경 복사(먼 우주에서 오는 것으로 추정하는 희미한 마이크로파 복사선)의 온도는 같다. 만일 팽창 시 우주의 이쪽과 저쪽 끝이 서로 섞일 수 없었다면(빛을 주고받으면서 온도가 같아질 시간이 없었다면), 어떻게 그처럼 우주의 온도가 같아질 수 있었을까? 이를 소위 '지평선 문제'라고 부른다. 빅뱅 모델이 아무리 오랜 시간을 가정하더라도 이 문제는 절대로 해결되지가 않는다. 이제까지 물리학이 전제하고 있던 시간과 빛에 대한 가정을 바꾸지 않는 한 말이다.

140억 년이라는 시간이 우주 한쪽 끝에서 오는 빛이 지구까지 도달하기에는 충분한 시간인지 모르겠으나, 그 빛이 우주의 다른 쪽 끝까지 여행하기에는 너무나 부족하다. 그런데 어떻게 우주의 이쪽 끝과 저쪽 끝에서 오는 우주 배경 복사의 온도가 같아질 수 있었는가? 알 수 없는 조건에 의해서 우연히 저절로 그렇게 되었다고(진화론이 흔히 써먹는 방식대로) 할 수는 없지 않은가? 우주 이쪽 끝과 저쪽 끝이 복사선(빛)에 의해 에너지를 서로 교환할 수 있는 조건을 빅뱅 이론이 만들어 주어야 한다.

빅뱅 이론이 새로운 가정을 통해 이 난제를 설명하려 하듯이 창조론 역시 같은 방식으로 설명할 수가 있다. 그러니 저 먼 우주의 별빛이 어떻게 지구까지 그 시간 안에 올 수 있었느냐는 문제를 가지고 한쪽만 탓하고 추궁하려 들 게 아니다. 별빛과 거리 문제는 창조론이나 빅뱅론이나 마찬가지로 직면하고 있는 이론적 난제다. 아마도 그 해결책은 시간과 빛에 대한 기존의 물리학적 가정들을 바꾸어야만 가능할 것 같다.

현재 가장 인기 있는 이론은 앨런 구스의 급팽창 이론이다. 초창기 우주는 매우 가까이 있었다(작았다)는 것이다. 그래서 우주 전체가 열의 교환(빛의 복사)을 통해 온도를 평준화할 수 있었다. 그 이후 우주는 매우 빠르게 (빛보다 훨씬 빠르게) 급팽창했다. 우주의 반대편 지역들이 급팽창 이전에는 접촉 가능했다는 설명이다.

하지만 어떤 물리적 작용이 급팽창의 원인이 되었는지에 관해서는 알려진 것이 없다. 또 어떻게 그 급팽창이 멈추게 되었는지에 대해서도 아는 게 없다. 더구나 급팽창 이론이 제시하는 예측들이 최근에 이루어진 관측 결과들과 일치하지 않는다는 치명적인 문제점들을 안고 있다. 그 외에 다른 설명들로는 <중력 상수가 변했다, 우주에 지름길(다른 차원)이 있다, 빛의 속도가 과거에는 빨랐다> 등이 있다.

별빛과 거리 문제에 숨은 전제는 다음과 같다.
1. 빛은 언제나 어디서나 그 속도가 일정했다.
2. 시간은 언제나 어디서나 항상 똑같이 흘렀다.

새로운 생각들
1. 빛의 속도가 과거에 충분히 빨랐을 수도 있다. 빛의 속도가 수천 년 전에는 거의 무한대였으며, 과거 300년 동안 일정하게 감소되었고, 1960년대에 와서 일정해졌다는 연구 결과(세터필드)가 있다. 또한 구소

련의 천문학자이며 진화론자인 트로츠키 교수는 빛의 속도는 시작점에서 100억 배나 더 빨랐으며, 별들의 적색 편이와 배경 복사는 우주 폭발에 의한 별들의 후퇴 때문이 아니라 빛의 속도의 감소 때문이라고 주장하였다.

2. 상대성 이론에 의하면 빛은 물체의 중력에 의해 영향을 받는다. 강한 중력장을 지날 때면 빛이 천천히 이동을 한다. 그렇다면 중력을 벗어났을 때(별들 사이, 은하들 사이)는 빛이 훨씬 더 빨리 이동했을 수 있다. 우리가 알고 있는 빛의 속도는 태양계의 중력 범위 안에서의 속도이다. 태양계를 벗어났을 때 빛의 속도가 어찌 될지 알 수가 없다.

3. 상대성 이론에 따르면 시간의 흐름은 중력의 영향을 받는다. 인공위성에서의 시간은 지상에서의 시간보다 빨리 간다. 중력이 강한 곳에서는 시간이 아주 천천히 흘러서 거의 멈출 수도 있다. 만일 지구가 우주의 중심부에 위치한다면(과학적으로 이 주장은 전혀 문제가 되지 않는다. 우주의 중심이 있느냐 없느냐, 있다면 그 중심이 어디냐는 과학의 전제/신념이지 과학의 결론/사실이 아니기 때문에 각자가 선택하기 나름이다), 우주가 팽창됨에 따라 지구에서 멀어지는 지역(먼 은하들)들과 비교했을 때, 우주 중심부 쪽(지구)의 시간은 훨씬 더 천천히 흘러가거나 멈추었을 것이다.

상대성 이론에 따르면 먼 변방 우주에서 우주 중심인(우주의 중심이 있느냐 없느냐는 관찰 결과가 아니라, 전제로서 선택이다) 지구의 시계를 봤을 때, 그 시계 바늘은 거의 멈추어 있을 것이다. 반면에 우주 중심인 지구에서 변방 우주의 시계를 보면 그 시계 바늘이 마치 선풍기 날개처럼 미친 듯이 돌고 있을 것이다. 하지만 변방 우주에서나 우주 중심인 지구에서 각자 자기들의 시계를 보고 있으면, 시계 바늘은 지극히 정상적으로 움직이고 있다. 변방 우주와 우주 중심 어느 쪽에서나 자신들의 시계가 더 느리게 가거나 빠르게 가는 것처럼 느껴지지 않는다는 말이다. 그래서 시간은 상대적이다. 상대성 이론에 따라서 중력이 약한 먼 우주에서는 수백억 년이 흐르는 동안에도 중력의 중심에 가까운 지구에서는 수천 년이 흐를 수 있는 것이다.

별

별의 거리

스티븐 호킹은 이렇게 말했다. "별들은 너무 멀리 있어서 그냥 빛의 점으로 보인다. 별들의 크기나 모양은 볼 수도 없다. 대부분의 별들에 관해서 우리는 단 한 가지 특징만을 관찰할 수 있는데, 그것은 별빛의 색깔이다."

지구에서 가장 큰 망원경을 가지고 가장 가까이 있는 별, 즉 4.5광년 떨어진 알파성을 본다면 점밖에 볼 수 없을 것이다. 망원경을 가지고 태양에 초점을 맞추면, 실제로 불꽃이 타오르는 것을 볼 수가 있지만 말이다. 태양계 안에 있는 행성들은 어느 정도 그 모양을 볼 수가 있다.

그러나 태양계 밖에 멀리 있는 별들을 볼 때는 결코 그런 것을 보지 못한다. 지구에서 가장 큰 망원경으로 봐도 흰점(빛)밖에는 보이지 않는다. 알 수 있는 것은 '저건 빨갛고, 저건 노랗고, 저건 파랗다'라는 것뿐이다. 그래서 관찰되는 별(빛점)들의 빛깔과 밝기를 근거로 해서 별에 관련된 온갖 내용들을 추정하는 것이다.

우리가 은하라고 부르는 별들도 처음 관찰할 때에는 그냥 하나의 별이었다. 좀 더 멀리 볼 수 있는 망원경이 개발되면서 그것들이 하나의 별빛이 아니라, 여러 별(빛)의 모임(은하)이었음을 알게 된 것이다. 그러니 앞으로도 더 멀리 볼 수 있는 망원경이 개발된다면, 지금까지 하나의 별이었던 것이 은하로 관찰되거나, 아무 것도 없는 줄 알았던 깜깜한 부분이 사실은 별 천지의 은하로 관찰되는 일들이 벌어질 수 있는 것이다.

별의 거리 측정

도대체 별까지의 거리는 어떻게 측정할 수 있을까? 삼각 함수다. 두 점 사이의 길이와 나머지 한 점에 대한 각을 알고 있으면 그 점까지의 거리를 계산할 수 있다. 직각 삼각형의 원리를 이용하는 것이다.

그런데 문제가 있다. 지구의 지름은 별까지의 거리에 비하면 0이다. 계산이 불가능하다. 그래서 지구의 공전 궤도를 사용한다. 지구 공전 궤도의 한쪽 끝에서 별을 관찰하고, 6개월 후 공전 궤도의 반대 쪽 끝에서 별을 관찰하여 각도를 잰다.

지구에서 태양까지의 거리는 빛의 속도로는 8분 거리이다. 그렇다면 공전 궤도의 지름은 16분이 된다. 삼각형의 밑변의 길이를 구한 것이다. 1광년 떨어진 별을 지구 공전 궤도의 지름과 연결했을 때 만들어지는 삼각형은 어떤 모습일까?

밑변(공전 궤도의 지름)은 16분이고, 1광년 떨어진 별까지의 높이(지구에서 별까지의 거리)는 525,000분(1년)이다. 서로 16cm 떨어져 있는 두 개의 점 A, B를 정하고, 거기서 525,000cm(5.25km) 떨어진 점 C를 이으면 아주 날씬한(거의 하나의 직선처럼 보이는) 삼각형이 만들어진다. 밑변이 16cm이고 높이가 5.25km인 삼각형이다. 이 때 얻어지는 각도가 0.017도이다.

    그 점의 거리를 전혀 모르는 상황에서 그 점이 얼마나 멀리 있는지를 각도의 변화를 가지고 계산해 보라고 했을 때, 그것은 굉장히 어려운 일이다. 각도가 너무나 작기 때문에 그렇다. 1광년인데도 그렇다. 여기에는 분명히 측정의 오류(추정치)가 생기지 않을 수 없다. 100광년을 측정하려고 하면 훨씬 더 많은 오류가 생길 것이다.

    오로지 망원경의 각도에만 의존해서 별의 거리를 계산한다고 했을 때, 150억 광년의 거리를 측정하는 것은 불가능하다는 데 이의가 없다. 사실은 100광년도 측정할 수가 없다고 본다. 추정이나 오류가 없는 실제적인 정확한 수치로는 말이다. 보통은 삼각 시차를 이용해서 100광년까지는 측정할 수 있다고들 말한다. 의문의 여지가 있기는 하지만 100광년을 측정할 수 있다고 하자. 아니 1000광년까지도 할 수 있다고 해주자. 하지만 만 광년, 십만 광년, 백만 광년은 결코 측정할 수가 없다. 이것은 명백한 사실이다.

별의 거리 추정

    그렇다면 아주 멀리 있는 별의 거리는 어떤 식으로 추정을 하는가? 관찰되는 별의 밝기는 거리에 따라 혹은 중간에 있을지도 모를 방해 물질 여부에 따라 달라지게 된다. 그러므로 우리가 눈으로 보는 별의 밝기는 거리나 중간 방해 물질에 의해 왜곡된 밝기(겉보기 밝기)인 것이다. 그래서 수많은 별들 중 어떤 특정한 별들은 그 본래 빛의 강도(별의 밝기)가 서로 똑같다고 추정을 한다.

특정한 별들의 본래 밝기가 같을 것이라고 추정을 하자. 그렇다면 관찰되는 별의 밝기는 그 별이 떨어져 있는 거리나 방해 물질 여부에 따라 달라진 것이 된다. 그 별들의 본래 밝기는 같으나 거리에 따라 밝기 정도가 다르게 보이는 것이라고 가정을 하고, 이를 근거로 별들의 거리를 추정할 수가 있다. 문제는 특정한 별들의 본래 밝기가 일정하다는 전제는 추정일 뿐이며, 이 추정이 틀리는 순간 모든 별의 거리는 거짓이 되고 만다는 사실이다.

쉽게 말하자면, 아주 큰 사진 속에 크기가 천차만별인 무수히 많은 사람이 있다고 하자. 그 중 특정한 사람들이 이런저런 상황을 고려했을 때, 아마도 본래 크기(사진 속에서의 크기가 아니라, 실물 크기)가 서로 같을 것이라고 추정을 하는 것이다. 그렇다면 그 사람들의 크기 차이는 그 사람들이 있는 거리의 차이와 비례하게 된다. 이를 근거로 해서 사진 속에 있는 사람들의 거리를 계산할 수 있다. 문제는 그 특정한 사람들의 본래 크기가 같다는 것이 추정일 뿐이며, 언제든 부정될 수 있는 위험 가운데 있다는 사실이다.

그러므로 '그 별은 200만 광년 떨어져 있다'는 서술은, 어쩌면 사실일 수도 있겠지만, 절대로 증명할 수 없는 추측과 가정에 불과하다. 단지 점으로 보이는 별빛의 밝기나 색깔 등을 근거로 하여 머릿속에서 계산해 낸 수치이지 실제로 측정한 거리(사실)가 아니라는 말이다. 그러니 정직한 과학자라면 '저 별까지의 거리가 얼마인지 확실히 안다'는 식의 허풍은 떨지 말아야 한다. '그렇게 추정한다'라고 말하는 게 정확한 표현이다.

별의 나이

"별의 나이는 어떻게 측정하는가? 별의 색깔, 밝기를 별의 진화 모델의 색깔, 밝기와 비교함으로써 별의 절대 연령을 알아낼 수 있다."

이게 무슨 소린가? 별이 얼마나 오래 되었는가에 대한 생각을 바탕으로 별이 얼마나 오래되었는지를 알 수 있다는 얘기다. 별의 나이는 순전히 진화론자의 믿음을 근거로 상상해 낸 수치이다. 별이 이렇게 진화했을 것이라는 진화론자들의 가정에 근거해서 결정한 것이다. 그 진화의 과정대로 별이 진화했는지 여부는 인간이 관찰을 통해 확인할 수 있는 게 아니다. 그러므로 진화의 순서라는 이론(가정)이 바뀌면, 거기에 따라 별의 나이는 변하게 된다는 얘기다.

"어떻게 빛이 별에서 지구까지 도달하는가?"

잘못된 질문일 수 있다. 성경은 신이 별을 하늘에 펼치셨다고 한다. 빅뱅에 따르면 우주가 폭발해서 팽창하였다고 한다. 그리고 팽창 후 만들어진 별들은 지금까지 서로 멀어지고(팽창하고) 있다. 그렇다면 빛이 멀리 떨어진 별에서부터 여기까지 어떻게 왔는가가 아니라, 별이 여기서부터 저 멀리까지 어떻게 갔는가라고 물어야 한다. 빛이 별에서부터 지구로 온 게 아니라, 지구에서 별이 멀어져 가면서 빛을 남기고 간 것이다.

만일 별보다 지구가 늦게 만들어졌다는 빅뱅 이론의 가정을 포기한다면(지구가 먼저 만들어졌고 우주의 중심이라고 가정한다면), 별의 나이는 훨씬 더 젊어질 수 있다. 팽창하는 것처럼 보이는 빛은, 창조 때 우주의 중심인 지구에서부터 저 멀리 우주 공간으로 별들이 펼쳐지면서(팽창하면서) 남기고 간 별빛의 흔적인 것이다.

그렇다면 지금 실제 별들은(우리가 관찰하는 별빛이 아니라 실제 우주 공간에 있는 별들은) 팽창하는 게 아니라, 제 자리에 멈춰 있을 수도 있다는 추정이 가능해진다. 팽창하는 별빛은 과거의 모습이고(과거의 별빛을 보는 것이지 지금의 별을 보는 게 아니다), 지금 우주는 팽창하고 있는 게 아닐 수도 있다는 해석도 가능해진다. 물론 사라졌다는 해석도 가능하다.

별의 소멸과 생성

천문학자들은 별이 폭발하는 것을 약 30년마다 한 번씩 관찰한다고 말한다. 실제로는 5년 후나 50년 후에 발생할 수도 있지만, 평균적으로 약 30년마다 폭발한다는 의미다. 이것을 '신성' 또는 '초신성'이라 부른다. 우리가 찾아낸 초신성 고리(죽은 별)는 약 300개 정도이다. 30년마다 하나씩 생긴다고 봤을 때, 우주는 약 9000년 정도 되었다는 계산이 나온다. 만일 우주가 수십억 년 되었다면 훨씬 더 많은 초신성 고리를 발견해야 한다. 왜 초신성 고리가 300개 정도일까? 우주 나이가 10000년 미만이라서? 진화론자들은 그런 답을 결코 좋아하지 않는다. 그게 논리적인 결론이지만 말이다.

별은 어떻게 생겨날까? 과학 교과서에는 이런 내용이 실려 있다. "기체와 먼지의 구름 속에서 새로운 별들이 계속해서 태어난다." 과연 과학 교과서에 이런 내용을 실어도 되는 것일까? 기체를 모아서 압축시키려고 하면, 압력과 온도가 올라가서 다시 분산되고 만다. 소위 보일의 법칙이다. 아무도 고체로 응축되는 것을 본 적이 없다. 그렇게 하려면 엄청나게 큰 압력이 필요하다.

"어떻게 고체로 응집될 수 있는가?"

"계산상으로는 약 20개의 별이 가까이에서 폭발한다면, 새로운 별을 만들어 내기에 충분한 압력이 생긴다."

별 하나를 만들기 위해 별 20개를 폭발시켜야 한다면, 우주를 꽉 채우고 있는 별들(현재 추산으로는 7×10^{22}개)을 만들기 위해서는 얼마나 많은 별을 없애야 할까? 과학 센터에 가면 '아기별' 사진을 보여 주면서 새로운 별이 만들어지는 모습이라고 한다. 사실이 아니다. 그건 단지 명점(밝은 부분)일 뿐이다.

"현대 천체 물리학의 암묵적 부끄러움은 이 별들 중 단 하나조차도 어떻게 형성되는지 우리가 알지 못한다는 것이다." (사이언스, 1986. 3)

아무도 먼지 구름에서 어떻게 별이 만들어질 수 있는지 알지 못한다. 별들의 기원은 현대 천체 물리학에서 풀리지 않는 가장 기본적인 문제들 중 하나이다. 새 별들이 계속 만들어지는 것을 볼 수 있다고 말한다면, 잘못 알고 있거나 거짓말을 하고 있는 것이다.

별의 숫자

하늘에는 헤아릴 수 없을 정도로 많은 별들이 존재한다. 허블 망원경으로 하늘의 한 점에 초점을 맞추었다. 그 부분은 빛이 없는 까만색의 공간이었다. 관찰할 별도 없는데 망원경을 들이댄 것이다. 과연 거기서 무엇을 발견할 수 있었을까? 열흘 동안 촬영한 결과는 아주 놀라웠다. 그 공간에서 셀 수도 없을 만큼 많은 수의 별(은하)을 발견한 것이다. 이전에 보지 못했던 새로운 별들이었다. 이를 '허블 딥 필드'라고 부른다. 아마도 우주 공간 전체가 다 그럴 것이다. 그래서 별들의 수는 셀 수가 없다.

일반 상대성 이론과 시간 (Russell Humphreys)

"만일 우주가 그렇게 젊다면, 어떻게 해서 우리들이 만 광년보다 더 먼 곳으로부터 오는 별빛을 볼 수 있게 되는 것인가?"

우리 은하계와 가까운 은하계로 안드로메다 M31이 있는데, 그 거리가 약 200만 광년 정도가 되는 것으로 추측하고 있다. 만일 우주가 그리 오래 되지 않았다면, 우리는 안드로메다를 보지 못할 것이다. 아니면 별의 거리에 대한 우리의 추정이 잘못된 것이거나….

과연 천문학자들이 별의 거리 계산을 잘못했을까? 아주 엄격히 말하자면, 그건 검증할 수 없는 문제이다. 별의 밝기와 색깔을 보고 그 거리를 추정하는 것이지 실제로 자로 재듯이 재본 결과가 아니기 때문이다. 100년 살기도 힘든 인간이 어찌 200만 광년을 잴 수 있겠는가? 가정에 가정을 더함으로써 추정할 수 있을 뿐이다.

중력이 시간을 비틀다

아인슈타인의 일반 상대성 이론에 따르면, 중력은 시간에 영향을 준다. 평지에 있는 시계는 산 정상에 있는 시계보다도 느리게 움직인다. 땅 위쪽으로 갈수록 시간이 빨리 간다는 말이다. 그렇다면 어느 쪽 시계가 더 정확한 시간을 보여 주는 것일까? 지구 중력장에 속한 이상 어느 시계(시간의 흐름)가 더 정확하다는 말을 할 수가 없다. 땅 아래서의 시간의 흐름과 땅에서의 시간의 흐름과 에베레스트산 정상에서의 시간의 흐름과 대기권 위에서의 시간의 흐름이 서로 다르지만 어느 게 맞고 틀리다고 할 수가 없다. 절대적 기준이 없다는 말이다. 그래서 시간은 상대적이다.

6일의 실상

초창기 우주에서 중력의 작용에 의한 시간의 비틀림 현상이 일어났다면, 어떤 일이 발생할까? 지구에서는 6일이 지났는데, 우주에서는 수백만 년 동안의 별빛 이동이 일어날 수 있을까? 지구 시간(지구 기준 시간)으로는 6일이 지났는데, 빛은 광대한 시간(외계 기준 시간)을 통해 충분히 먼 거리를 이동할 수 있는가 말이다.

빅뱅 이론

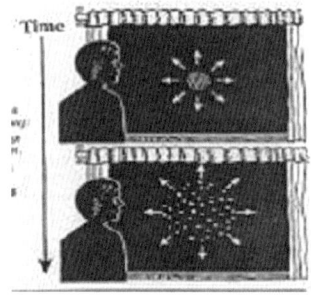

보통 사람의 생각

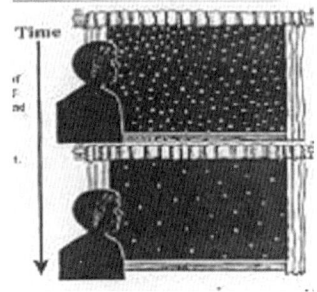

빅뱅 이론의 주장

보통 사람들은 빅뱅 이론에 대해 이렇게 생각한다.

1) 우주의 끝과 중심이 있다.

2) 우주는 이미 있는 3차원 공간으로 확장된다.

하지만 빅뱅 이론의 실제 주장은 이렇다.

1) 우주의 끝도 중심도 없다.

2) 공간이 물질과 함께 확장된다.

그림으로 표현하자면, 좌측의 그림이 보통 사람들이 생각하는 빅뱅이다. 그리고 우측의 그림이 빅뱅 이론의 내용이다.

어떤 중심이 있어서 그곳으로부터 팽창하여 멀어지는 것이 아니라, 서로가 그냥 멀어지는 것이다. 물질뿐만 아니라 공간도 함께 확장되고 있다는 말이다.

빅뱅 이론에도 두 가지 유형이 있다. 한 유형은 우주가 유한하다고 본다. 만일 아주 빠르게 이동할 수 있다면, 처음으로(내 뒤통수로) 돌아오게 될 것이다. 개미가 풍선 위를 기고 있는 모습을 상상해 보라. 개미는 풍선 표면 위에서 결코 끝에 도달할 수가 없다. 풍선 표면(2차원)이 우리가 사는 우주(3차원)이다. 풍선은 유한하며 개미가 똑바로 이동해 간다면 처음 장소로 되돌아오게 된다.

풍선의 표면에 일정한 크기로 점을 찍어 보자. 하늘에 있는 별들의 모양이 된다. 풍선이 점점 커져감에 따라 풍선 표면에 있는 점들은 팽창하며 서로에게서 멀어져 간다.

이게 빅뱅 이론이다. 우리가 살고 있는 3차원 공간을 풍선 표면으로 바꾸어 생각하면 된다. 풍선 안쪽 공기가 들어가는 부분은 4차원이다. 4차원 공간의 확장으로 말미암아 3차원에 속한 별들이 서로 멀어지게 된다는 것이다.

우주의 팽창에는 중심이 없다. 단지 풍선의 표면에서 각각의 점들이 서로 멀어지고 있을 뿐이다. 풍성 표면 위의 점들은 더 멀리 있는 것일수록 더 빠르게 멀어져 간다. 지구에서 멀리 있는 은하계일수록 더욱 빨리 멀어진다는 얘기가 된다.

다른 유형은 우주가 무한하다고 본다. 우주 공간은 계속 확장되고 있으며, 무한하다. 따라서 아무리 빠른 속도로 우주를 이동한다고 할지라도 결단코 우주의 끝에는 도달할 수가 없다. 그렇다고 처음 출발지로 돌아오는 것도 아니다. 그냥 영원토록 계속 가고 있을 뿐이다.

경계선

빅뱅론자들은 왜 우주가 경계선(중심과 변두리)이 없다는 가정을 선택하였을까? 어떤 과학적인 이유나 경험적 증거가 있기 때문일까? 그건 아니다. 그냥 그렇게 가정한 것이다. 우주가 유한하다고 하거나 아니면 무한하다고 하거나 간에 상관없이 우주에는 변두리도 중심도 없다고 한다. 만일 변두리가 있다면, '어째서 한쪽보다 다른 한쪽에서 우리는 더욱 많은 은하계를 볼 수 없느냐?'는 것이다.

그러나 만일 우주가 변두리가 있더라도 관찰할 수 없을 만큼 크다면, 우리는 어느 쪽으로나 똑같은 크기(볼 수 있는 한도 내)의 은하계를 볼 것이다. 우주 저 끝에 내가 있다는 가정도 하는데, 우주가 내 관찰 영역보다 크다는 가정을 못할 이유가 없다. 또 다른 가정도 가능하다.

만일 우리 지구가 우주의 중심에 있다면, 지금 우리가 관찰하는 것처럼 어느 쪽 방향으로나 똑같은 크기의 은하계가 보일 것이다. 우리 지구가 우주의 중심에 있어서는 안 된다는 어떤 과학적 근거가 있는가? 없다. 그럼에도 불구하고 빅뱅 이론은 이런 가능성들을 고려 대상에서 빼 버렸다.

왜 그런가? 우리가 우주 중심에 있다는 것이 '우연'이라는 진화론의 관점에서 봤을 때 매우 불편한 것이다. 인간을 위한 어떤 의도가 있는 거 아닌가(신이 존재하는 거 아닌가) 하는 생각이 들게 하기 때문이다. 진화론자의 입맛에 맞지 않는 가정이다. 그래서 중심도 없고 경계선도 없다는 가정을 선택한 것이다. 진화론자들은 우주의 중심이 있다는 가정에 근거한 우주론을 무조건 거부한다. 자기 종교(우연 신앙/진화론)와 충돌하기 때문이다.

중심이 없는 무한 우주라는 가정 하에서는 시간이 중력의 영향을 받지 않는다. 중력의 중심을 가정하지 않기 때문이다. 그러나 만일 우주에 중심이 있다고 가정하면, 중력장이 있게 되고 그로 인해서 나타나는 시간의 비틀림이 있게 된다. 우주 변두리의 시간은 우주 중심의 시간보다 매우 빠르게 흐를 것이다. 우주 중심부로부터 멀어지는(중력이 미치는) 정도에 따라 시간의 흐름도 변할 것이다.

블랙홀과 화이트홀

유한한 우주(중심이 있는 우주)가 현재의 50분의 1 크기였던 과거의 어느 때를 한번 가정해 보자. 우주에 대해 두 가지의 경우를 가정할 수 있다. 그 중 하나는 우주 전체가 거대한 블랙홀 안에 있었다는 것이다. 블랙홀 속은 중력이 너무나 강하기에 빛조차도 빠져나올 수가 없다. 그래서 블랙홀이다.

우주가 블랙홀 상태라면, 사건 지평선(블랙홀의 영향권) 안에 있는 물질과 빛은 자꾸만 중심으로 수축되어야 한다. 결국에는 그 부피가 0에 가까워지고 밀도는 무한에 가까워지는 특이점에 도달하게 된다. 그 이후에는 뭉개져 버린다.

그러나 지금까지 관측된 바로는 우주가 팽창하고 있다고 한다. 내부로 수축되는 현상은 보이지 않는다. 그렇다면 우주는 예전에 블랙홀 상태에 있었던 게 아니라는 결론에 이른다.

또 다른 하나는 우주가 거대한 화이트홀 상태에 있었다는 것이다. 화이트홀은 블랙홀과 반대되는 개념이다. 일반 상대성 원리에 따르면 화이트홀의 사건 지평선(영향권) 안에 있는 빛과 물질은 밖으로 확장되어야 한다. 물질과 빛은 화이트홀의 지평선 바깥으로 움직여 나갈 뿐 중심 쪽으로 돌아오지는 않는다.

물질과 빛이 바깥으로 빠져나가는 바람에 사건 지평선은 점점 더 작아지게 된다. 결국 사건 지평선이 없어지고 더 이상 화이트홀이 존재하지 않게 되지만, 흩어져 나간 빛과 물질들은 점점 더 멀어지고 있을 것이다.

우주에 한계가 없다면, 우주는 과거 어느 때에 블랙홀이나 화이트홀 상태에 있었다고 가정할 이유가 사라진다. 중력의 중심이라는 게 없기 때문이다. 그러나 우주에 한계가(중력의 중심이) 있다면, 과거 어느 한 때에 우주는 반드시 화이트홀 상태에 있었어야만 한다는 결론이 나온다.

사건 지평선(영향권)과 시간

스티븐 호킹은 『시간의 역사』에서 우주선을 타고 블랙홀의 사건 지평선(영향권) 쪽으로 빠져들어간 우주비행사를 대략 이렇게 묘사하고 있다.

우주비행사는 12시에 블랙홀의 사건 지평선에 도달하게 되어 있다. 아주 멀리서 블랙홀을 향해 다가가는 우주비행사를 바라보던 천문학자는 우주비행사의 시계가 점점 더 느리게 움직이는 것을 본다. 우주 비행사의 시계가 11시 59분이 되었을 때 천문학자의 시계는 이미 하루가 지나 버렸다. 천문학자는 우주비행사의 시계가 12시가 되는 것을 볼 수 없었다. 대신 우주비행사의 정지한 것 같은 모습과 점점 더 붉고 침침해지는 시계를 보다가 마침내는 우주비행사가 완전히 사라져 버리는 것을 보게 된다.

스티븐 호킹은 블랙홀로 간 우주비행사가 무엇을 보는지에 대해서는 말하지 않았다. 만일 그 이야기를 적어 본다면 이렇게 전개될 것이다.

우주비행사가 망원경을 가지고 자기가 떠나온 뒤쪽을 돌아다보니, 그곳에서 여전히 우주비행사를 바라보고 있는 천문학자의 벽걸이 시계가 점점 더 빨라지고 있었다. 동시에 천문학자가 있는 은하계는 너무나 빨리 멀어져 가고 있었다. 하지만 우주비행사의 시계는 여전히 보통(실제) 속도로 움직였다. 우주비행사의 시계가 12시를 가리켰을 때, 천문학자의 벽걸이 시계 바늘은 선풍기같이 돌았다. 하지만 우주비행사의 시계는 여전히 정상적으로 움직였다.

　여기서 중요한 점은, 블랙홀 안으로 가더라도 시계는 여전히 정상적으로 움직이고 있다는 사실이다. 블랙홀의 중심 쪽으로 갈수록 시간과 물리적 과정들이 점점 더 느려지다가 멈추고 있지만 말이다. 시간의 흐름에 있어서 우주의 중심과 멀리 있는 변두리 사이에는 엄청나게 큰 차이가 있지만, 각자의 시계는 정상적으로 움직이고 있는 것이다.

　우주에 한계가 있다고 가정하면, 우주는 (이제는 존재하지 않게 된 화이트홀의 바깥으로) 확장되고 있음에 틀림없다. 현재 화이트홀이 존재하지 않음은 화이트홀의 사건 지평선이 0으로 수축했음을 의미한다. 만일 사건 지평선이 발생한 지점(우주의 중심 쪽)에 지구가 있다고 가정하면, 우주의 먼 곳(우주의 변두리 쪽)에 있는 별들이 지구 시간으로는 하루 만에 수백만 년이나 된 것으로 관측되는 현상이 아무런 문제없이 가능해진다.

⑥ 유전자의 퇴화

　"지금까지 유전자의 암호는 한 가지 정보만을 기록하고 있는 것으로 알고 있었다. 그러나 최근 연구에 의해 유전자의 암호가 두 개의 언어로 쓰여 있음이 발견되었다. 한 언어가 다른 언어 위에 쓰여 있었기에 그토록 오랜 기간 동안 발견되지 않았던 것이다."

　이게 무슨 소린가? 유전자가 다중 메시지를 갖고 있음이 발견되었다는 말이다. 하나의 문장이 있는데, 두 가지 정보가 담겨 있다는 것이다. 하나의 명령어 안에 또 다른 명령어가 숨어 있다? 숨어 있다기보다는 우리가 몰랐던 거다.

쉽게 비유하자면, 책이 한 권 있는데 앞에서부터 읽으면 춘향전인데, 뒤에서부터 읽었더니 흥부전이라는 말이다. 한 권의 책안에 또 다른 책이 담겨져 있다니? 이런 발견은 또 다른 책이 있을 수도 있다는 가능성을 열어 준다.

진화론은 돌연변이를 통해 새로운 유전자 정보가 창조된다고 믿는다. 과연 제멋대로의 돌연변이를 통해서 한 문장 안에 중복 메시지를 담고 있는 고도의 지적 정보물이 우연히 저절로 만들어질 수 있을까?

알기 쉬운 비유로 표현해 보자. 제멋대로의 타이핑을 통해서 백과사전이 만들어 질 수 있을까? 36억 년이라는 시간이 흐르기만 하면 그 많은 지식과 정보가 담겨진 백과사전이 우연히 저절로 만들어진다? 놀랍게도 그 백과사전 안에는 또 다른 백과사전이 숨어 있다.

돌연변이는 유전자 코드의 오타이다. 생명체의 정보를 담은 유전자 프로그램에 발생한 타이핑 오타다. 타이핑 오타가 백과사전에 적혀 있는 정보를 파괴(의미 왜곡)시키듯이 돌연변이는 유전자 정보를 파괴시킨다. 오타로 글의 문맥이 개선되는 경우도 물론 아주 드물게 발생할 수 있을 것이라 가정할 수도 있겠다. 마찬가지로 드물게 생명체에 유익한 돌연변이가 발생할 수도 있을 것이라 가정할 수도 있겠다. 하지만 그렇다 하더라도 비교하기조차 민망할 정도로 해로운 돌연변이가 압도적으로 많다.

그렇기 때문에 돌연변이의 결과는 반드시 해로울 수밖에 없다. 너무나 많은 다수의 해로운 돌연변이가 너무나 적은 소수의 (혹시 있을지도 모른다고 가정한) 유익한 돌연변이를 덮어 버릴 것이기 때문이다. 돌연변이가 일어날수록 유전자 정보는 점점 더 파괴됨으로써 인간의 퇴화를 촉진시킨다.

누구나 알고 있듯이 인간 개인의 퇴화(노화)는 부정할 수 없는 사실이다. 유전자에 일어나는 돌연변이 때문에 개인은 누구나 늙고 죽는다. 세포가 분열할 때마다 3개의 돌연변이가 생긴다고 한다. 충격적이지 않은가?

이렇게 발생하는 돌연변이 중 일부가 다음 세대에 유전된다. 이전 세대에게 물려받은 돌연변이에 자기 세대에서 새로이 생긴 돌연변이를 합쳐서 다음 세대에 전해 주는 일이 반복된다. 돌연변이가 인간이란 종족까지도 멸종으로 이끄는 것이다. 무작위적 돌연변이는 인간을 진화시키는 게 아니라, 퇴화시키고 있었던 것이다.

자연 선택이 돌연변이에 의한 퇴화를 막을 수 있을까? 자연 선택을 통해 가장 해로운 돌연변이를 제거할 수는 있을 것이다. 하지만 퇴화 자체를 제거할 수는 없다. 자연 선택이 잘 가동하더라도 기껏해야 인간 종족의 퇴화를 조금 늦출 수 있을 뿐이다.

『다윈의 블랙박스』의 저자 마이클 베히는 유익한 돌연변이에 관련된 논문들을 검토해 보았다. 그 결과 대부분의 사례가 어떤 기능의 손실을 (유전 정보 파괴를) 통해서 얻어진 유익이었다. '말에서 떨어져 다리를 다쳐서 장애인이 되는 바람에 군대에 차출되지 않고 살아남았다'라는 식이다. 유전 정보의 파괴가 일시적으로 생존의 위협을 피하게 해주더라도 여전히 유전 정보의 손실(퇴화)이라는 현실을 돌이킬 수는 없다. 언젠가는 멸종에 이른다.

돌연변이 때문에 인류는 멸종할 수밖에 없다. 세대를 거듭할수록 인간 유전자가 점점 더 망가지기 때문이다. 이런 사실은 인류 유전학자들 사이의 영업 비밀이다. 최신 유전학에 의하면 인간은 진화하는 게 아니라 퇴화하고 있다.

"논리적으로 인류는 진화가 아니라 퇴화하게 되어 있다. 기본적으로 인류는 퇴화할 것이며 인간 게놈은 자동차와 마찬가지로 녹이 슬고 있다... 유전적 무질서도(유전자 엔트로피)는 심각하다. 진화 이론에 치명적이기 때문이다... 왜 우리는 100번도 넘게 멸종되지 않았을까?" (알렉시 콘드라쇼우, 진화 유전학자)

진화론의 주장대로 인류의 등장 연대가 오래되었다면, 인류는 이미 오래 전에 멸종했어야 한다. 그렇다면 가능한 또 다른 해석은, 아직 멸종에 이를 만큼 인류의 등장 연대가 오래되지 않았다는 것이다. 그러나 진화론 유전학자들은 퇴화가 아닌 진화를 가능하게 하는 다른 환경 조건이 과거에는 있었을 것이라는 새로운 가정을 선택한다. 진화론 신앙을 포기하지 않기 위해서이다. 진화론자의 최종 병기인 '알 수 없는 우연에 의해'라는 결코 관찰된 적이 없는 상상의 요술 지팡이(기적)에 의지하는 것이다.

⑦ 인류의 조상

유전자를 통한 친자 확인이라는 게 있다. 부모는 유전자를 자녀에게 물려준다. 그 유전자에는 돌연변이가 발생한다. 세대가 이어질 때마다 유전자에 변형이 일어나는 것이다. 돌연변이에 의해 유전자가 달라진 정도를 비교함으로써 혈연관계를 추정할 수가 있다. 그 유전자가 달라진 정도(차이)가 작을수록 친부모(가까운 혈연)일 확률이 높아지는 것이다.

이 방식을 이용해서 한 종의 공통 조상이 몇 세대쯤 전에 있었는지도 추정할 수가 있다. 세대 당 돌연변이 발생량이 평균 10개 정도라고 하자. 만일 두 개체의 유전자가 100개 정도 차이가 난다면, 이들은 10세대 전에 같은 조상을 갖고 있는 것이라 추정할 수가 있다.

유전자(남자의 Y염색체와 여자의 미토콘드리아) 분석 결과 현대 인류는 한 명의 남자와 한 명의 여자에게서 나왔음이 확인되었다. 그래서 현대 인류의 공통 조상을 'Y염색체 아담', '미토콘드리아 이브'라고 부른다. 이 두 조상은 도대체 언제쯤 지구상에 나타났을까? 진화론자들이 인간과 침팬지에게 공통 조상이 있다는 가정 하에서 계산한 결과는 10-20만 년 전이었다. 어떻게 이런 수치가 나온 것일까?

공통 조상의 연대를 추정하는 방법은 두 가지가 있다. 하나는 인간과 침팬지의 공통 조상이 있다는 가정 하에 그들의 생존 연대를 추정해서 변이 속도를 계산하는 방법이다. 침팬지와 인간의 조상이 살았던 시기는 일반적으로 600만 년 전이라고 가정한다. 물론 다른 의견도 가능하다. 어디까지나 추정이기에 그렇다. 400만 년 전이라거나 1300만 년 전이라는 주장도 있다.

인간과 침팬지의 유전자 차이는 어느 정도일까? 현재로서는 98% 같다는 주장에서부터 86% 같다는 주장까지 다양하다. 정확하게 알 수가 없다는 소리다. 이런 가정에 근거해서 계산한 것이 바로 10-20만 년 전이라는 수치이다.

'인간과 침팬지에게 공통 조상이 있다'는 가정이 틀렸다면, 어찌 할 것인가? 과학적으로 말하자면 인간과 침팬지 사이에 공통 조상이 있다는 증거는 어디에도 없다. 진화론자들이 그냥 그렇게 상상하고 가정할 뿐이다.

다른 방법은 인간의 변이 속도를 직접 측정해서 계산하는 것이다. 할머니, 엄마, 손녀의 미토콘드리아 유전자에서 발견되는 돌연변이 개수를 측정해 보면 세대 당 인간의 유전자 변이 속도를 알아낼 수 있다. 이 계산 방식에 의하면 인류의 공통 조상이 살았던 시기는 지금으로부터 대략 6,000년 전이라는 결과가 나온다.

현대 인류의 공통 조상인 아담과 이브는 언제 살았던 것일까? 증명되지도 않은 '침팬지와 인간의 공통 조상'을 가정하고 계산한 돌연변이 속도 값을 적용하여 나온 결과를 믿어야 할까? 아니면 인간에게서 나타난 돌연변이 속도 값을 적용하여 나온 결과를 믿어야 할까? 어느 쪽이 더 과학적인가?

후자가 훨씬 설득력이 있다. 후자는 현재의 변이 속도가 6천 년 동안 비슷했을 것이라는 가정만 하면 된다. 하지만 전자는 변이 속도가 10-20만 년 동안 비슷했을 것이라고 가정을 해야 한다. 거기다가 침팬지와 인간에게 공통 조상이 있었을 것이라는 가정을 해야 한다. 더불어 인간과 침팬지의 조상이 살았던 연대 역시 가정해야만 한다. 증거 없이 상상으로만 세워진 진화라는 기적에 대한 가정 말이다.

5. 진화론의 살길

"생명의 우주 도래설 – 신은 우주인이다"
"진화의 문헌학적 증거 – 『삼국유사』: 알에서 인간 탄생"

진화론의 형성

토마스 쿤은 과학계는 절대적인 진리가 지배하는 것이 아니라, 그 시대의 패러다임이 지배한다고 하였다. 현대 과학계를 지배하고 있는 진화라는 패러다임은 어떻게 생성되었는가?

다윈은 생물이 환경에 따라서 변화(적응)할 수 있으며, 이러한 변화가 다양한 생물 종을 만들어 냈다고 믿었다. 그의 주장에 의하면, 환경에 따라 생물이 변하고 환경에 잘 적응한 생물만이 살아남았다(적자생존). 이런 식으로 자연이 살기에 적합한 것을 선택하는(부적합한 것을 멸종시키는) 과정을 거쳐서 오랜 시간 동안 진화가 서서히 이루어졌다(자연 선택). 또한 모든 생물은 딱 한 번 우연히 만들어진 단세포 생물로부터 기원하였기에 서로 밀접한 연관성을 갖고 있다.

드브리스가 달맞이꽃에서 후대로 전달되는 돌연변이를 관찰하였다. 이를 계기로 진화론은 돌연변이 때문에 발생하는 개체의 변이를 통해서 진화가 이루어졌다는 입장으로 재정립되었다(신다윈설).

그 후 인공적 돌연변이를 통해 초파리 형질을 전환시키는 실험에 성공하고, 형질 전환과 유전자 교환을 통한 세균의 변이가 관찰됨에 따라 생물의 종은 계속 변화한다는 입장이 정설로 굳어졌다. 하지만 이런 변이는 이미 존재하는 유전자의 변형일 뿐, 결코 새로운 유전자 정보가 생겨난 것은 아니었다.

그래서 초파리를 대상으로 수많은 인공 돌연변이 실험을 하였으나, 결국 새로운 종을 만들어 내지는 못하였다. 기형적인 초파리만을 양산했을 뿐이다. 돌연변이만으로는 유전학적으로 유리한 유전자 정보를 증가시키지(진화시키지) 못한다는 사실이 밝혀진 것이다.

그러면 최초의 생명 탄생은 어떻게 가능했을까? 오파린은 처음 지구의 대기가 메탄, 물, 암모니아, 네온, 헬륨, 아르곤 등의 환원성 기체로 구성되어 있었다고 가정하였다. 대기 중에 번개 같은 전기 자극이 가해짐으로써 그 가운데서 자연스럽게 유기물이 합성되었다는 것이다(오파린의 가설). 그 후 밀러가 오파린의 상상대로 시험관에 이들 기체를 넣고 인공 방전을 통해 유기물인 아미노산을 합성하는 실험에 성공하였다. 진화론자들은 생명 우연 발생의 실마리를 풀었다는 듯이 열광했다.

그러나 진화의 본질은 무기물이 전기 방전으로 유기물이 만들어지는 것이 아니다. 우연히 철광석이 화산에서 분출한 마그마에 녹아서 철이 만들어졌다고 해서 그 철이 우연히 저절로 자동차로 진화하는 것이 아니기 때문이다. 철이 우연히 갈고 다듬어져서 나사가 되어야 하고, 구동축이 되어야 하고, 바퀴가 되어야 하고, 헤드라이트가 되어야 하고, 엔진이 되어야 하고 이런 것들이 저절로 우연히 결합해서 자동차가 되어야 한다.

지각에 대한 분석 결과 원시 대기는 오파린의 주장처럼 환원성 기체로 이루어진 것이 아님을 알게 되었다. 게다가 밀러가 합성해 냈던 아미노산들이 어떻게 오랫동안 파괴되지 않고 다른 아미노산들이 만들어질 때까지 보존될 수 있었을까? 밀러의 실험 장치에 있었던 아미노산 보존 장치가 원시 지구에는 없었다. 그렇다면 아미노산은 저절로 우연히 파괴되고 말았을 것이다.

그 아미노산들이 우연히 결합해서 단백질이 되어야 하고, 그 단백질이 우연히 결합해서 세포를 만들어야 하고, 세포가 우연히 결합해서 살을 만들어야 하고, 우연히 신경과 핏줄과 피를 만들어야 하고, 우연히 뼈와 근육을 만들어야 하고, 우연히 관절을 만들어야 하고, 우연히 눈을 만들어야 하고, 우연히 심장을 만들어야 하고, 우연히 콩팥을 만들어야 하고, 우연히 뇌를 만들어야 한다. 밀러의 실험은 사실상 그 길고도 복잡한 진화의 여정을 시작도 못했던 것이다.

진화론의 과학성을 위한 탈출구

코페르니쿠스는 태양이 천체 운동의 중심이 되어야 한다고 수학적으로 결론을 내렸다. 그리고 신이 그런 방식으로 설계했다고 믿었다. 그리스 최고 천문학자이자 비기독교인이었던 프톨레마이오스의 우주론(천동설)을 거부한 것이다. 갈릴레이는 코페르니쿠스의 지동설을 지지하고 공개적으로 주장하였다. 오랜 시간 동안 과학계의 정설이었던 천동설의 공격이 시작되었다. 프톨레마이오스의 기존 패러다임(천동설)을 믿는 기득권 과학자들은 코페르니쿠스의 새 패러다임(지동설)을 제압하기 위해서 추종자인 갈릴레이를 비신앙(이단)적이라고 정죄하는 꼼수를 부렸다.

요즘 진화론자들은 어떤가? 자신들의 패러다임인 진화론과 충돌하는 주장을 대할 때면, 과거 선배들이 했던 것과 같은 방식으로 대처한다. 갈릴레이 시대의 선배들은 비신앙(이단)적이라는 딱지를 붙였고, 지금 시대의 후배들은 비과학(종교)적이라는 딱지를 붙인다. 관찰 근거를 가지고 따지는 것이 아니라, 여론 몰이를 통해 대응하는 것이다. 그리고는 지금은 권력이 없는 교회 대신에 공적 권력 기관인 법원으로 하여금 비과학적인 종교 주장을 과학 시간에 가르쳐서는 안 된다는 판결을 하도록 만듦으로써 진화론에 대한 반대 의견을 진압하는 방식을 택한다.

코페르니쿠스의 지동설을 비신앙(이단)으로 정죄함으로써 천동설을 지키려 했던 것과 똑같은 수법이다. 우연을 믿는 진화론의 교리와 충돌하는 연구 결과들을 비과학(종교)이라고 정죄함으로써 학술지에 실리지 못하도록 영향력을 행사한다. 학교에서 가르치지 못하도록 만든다. 말도 안 되는 소리니까 논쟁해 볼 필요도 없다며 토론의 장에서 제외시켜 버린다. 마치 갈릴레이를 이단으로 정죄하고 9년간 가택 연금시켰던 것을 떠오르게 한다.

토마스 쿤은 패러다임이라는 개념을 가지고 제도권 과학이 작동하는 방식을 설명하였다. 제도권 과학은 일정 기간 동안 가장 그럴듯한 이론(패러다임)을 가지고 작동을 한다. 그러다가 기존 이론으로는 설명할 수 없는 이상 현상들이 관찰되어진다. 그런 사례가 점점 늘어나게 되면, 제도권 과학은 방어적인 태도를 취한다.

새로운 관찰과 이론으로 무장한 신세대는 기존의 이론(패러다임)이 바뀌기를 열망하게 된다. 그러나 기존 패러다임이 무너지기까지는 상당한 시간이 걸린다. 그동안 기존 패러다임과 충돌하는 연구들은 무시당하고 왕따당하는 수난을 겪는다. 이런 현상이 누적되다가 때가 차면 마침내 혁명이 일어난다. 과학의 패러다임 자체가 바뀌는 '패러다임의 전환'이 일어나는 것이다. 이것이 토마스 쿤이 말하는 과학의 발전사이다.

지금은 진화라는 패러다임으로는 설명하기 어려운 관찰 결과들이 늘어나는 시점이다. 기존 패러다임을 방어하기 위한 시도가 두 가지 양상으로 나타나고 있다. 그 하나는 권력을 동원하는 것이다. 중세의 갈릴레이 재판과 같은 방식이다. 과학(학회/학술지/대학/언론)이라는 권력을 동원해 새 이론에 동조하는 자들을 왕따 내지는 정죄하는 것이다. 다른 하나는 기존의 패러다임을 적당히 손질하는 것이다. 새로이 밝혀진 관찰 결과를 일부 수용하기 위해 기존의 이론을 변형시킴으로써 탈출구를 찾아가는 방식이다.

전자의 경우를 대표하는 이가 바로 도킨스이다. 그는 진화론의 전제와 충돌하는 연구 결과를 발표하는 순간, 거의 광적으로 비난하기 시작한다. 그리고는 종교(비과학)라는 딱지를 붙이기를 즐겨한다. 과학적인(경험적 증거로) 반증을 하는 것이 아니다. '나는 과학이고 너는 종교(비과학)'라는 독단적(종교적) 선언을 통해 자신을 정당화하는 것이다. 기존 이론과 충돌하는 연구 결과를 내놓는 연구자에게는 이단(비과학/종교)이라는 딱지가 붙여진다. 그를 학계에서 왕따시키는 방식으로 그 연구 결과를 묻어 버리는 것이다.

후자의 경우에 해당하는 이가 굴드이다. 그는 새롭게 제시된 연구 결과에 대해 과학적 반성을 하는 편이다. 그래서 이제까지 밝혀진 화석의 기록(종에서 종으로의 변이를 보여 주는 중간 단계의 화석이 없다)이 점진적 진화라는 기존의 전제와 부합하지 않음을 인정한다. 그래서 기존 이론을 수정한다. 진화는 오랜 시간 점진적으로 이루어진 것이 아니다. 진화는 오랜 잠복기를 보내다가 어느 순간 갑작스럽게 이루어졌다는 것이다. 이를

'단속 평형 이론'이라고 부른다.

　　진화는 오랜 기간 나타나지 않다가 어느 순간 갑자기 종에서 종으로 비약하는 방식으로 발생했다. 오래 전 골드 슈미트가 '희망의 괴물 이론'이란 제목으로 제시했다가 완전히 무시당했던 이론이다. 진화는 점진적인 변화가 아니라 극적이고 엄청난 돌연변이를 요구한다. 어느 날 파충류의 알에서 갑자기 조류가 태어나듯이 말이다. (이에 대한 문헌학적 증거가 『삼국유사』에 있다? / 알에서 사람이 탄생한다.)

　　너무나 짧은 시간에 급작스럽게 진화가 일어났기에 진화를 보여 주는 중간 단계 화석이 없을 수밖에 없다. 굴드의 대처로 진화론은 화석 기록의 반란을 간신히 수습하였다. 진화론의 교주 다윈은 자신의 이론을 입증하기 위해 땅을 파보라고 했으며, 발굴된 화석을 통해 자기 이론이 입증되리라 기대했었다. 하지만 그 기대는 무너졌다.

　　여전히 힘겨운 약점이 하나 더 남아 있다. 수십억 년 전에 딱 한번 우연에 의해 세포(자기 복제 기능을 가진 생명체)가 만들어졌다는 주장이다. 세포를 그저 단백질 덩어리 정도로 여겼던 당시의 무식한 세포 지식 수준에서나 가능했던 상상이다. 오늘날 밝혀진 대로 세포 안에 숨겨진 복잡한 구조와 기능을 조금이나마 알고 있었더라면, 감히 그런 식의 주장을 내세우지도 못했을 것이다.

　　우주선이나 비행기나 자동차 같은 구조물 안에 담겨 있는 복잡한 기능과 설계를 아는 현대인이, 감히 철광석 광산에서 우연히(자연 선택) 자동차가 만들어졌다고(진화했다고) 말할 수 있겠는가? 물론 자동차를 그저 쇳덩어리 정도로만 알고 있는 유원인이 있다면, 철광석 광산에서 자동차 모양의 철 덩어리가 오랜 시간을 거쳐서 우연히 만들어질 수 있다고 말할 수도 있을 것이다. 화산 폭발로 분출한 마그마에 철광석이 녹아서 철이 분리되고, 비바람에 식어서 이리저리 떠돌다 보면 풍화 침식의 과정을 거쳐서 자동차 비슷한 모양으로 만들어질 수도 있지 않겠는가? 금방은 안 되겠지만, 충분히 오랜 시간이 주어진다면 어쩌면 가능할지도 모른다. 이런 식으로 우길 수도 있을 것이다. 하지만 자동차 내부의 복잡한 정보와 기능을 아는 현대인이라면 감히 그런 식의 주장을 하지 못할 것이다.

그래서 나름대로 진화론자 안에서 적절한 대응 방안이 나왔다. 1908년에 화학자 아레니우스는 별들로부터 나오는 빛의 압력으로 생명 포자가 우주 공간을 이동한다는 이론을 내놨다. 과연 생명체가 우주 공간이라는 극한 환경에서 살아남을 수 있을까? 미국 핵반응로 안에서 생존하는 박테리아, 섭씨 영하 100도의 온도에서 살아남는 박테리아에 대한 연구 결과가 나왔다. 화성에서 날아 온 것으로 보이는 운석에서 생명체의 흔적을 발견했다는 NASA의 발표도 있었다.

생명은 우주에서 왔던 것이다(?). 우주의 어떤 행성은 지구의 환경 조건과 전혀 달라서 생명의 탄생에 좀 더 유리했을 수도 있다. 지구의 초기 대기 상태는 생명체가 탄생할 수 없는 환경이었다. 하지만 알 수 없는 어떤 행성은 지구보다 더 오랜 시간과 환경 조건을 갖추고 있었다고 가정할 수가 있다. 게다가 과학적 검증이라는 공격으로부터도 안전하다. 그런 행성이 발견되기 전까지는 말이다. 더욱 다행스러운 것은 그런 행성이 발견될 날이 너무나도 요원해 보인다는 점이다.

하지만 이런 주장은 논쟁 범위를 검증 가능한 지구에서 검증할 수 없는 우주로 미룬 것에 불과하다. 외계 생명이 지구의 생명을 가능하게 했다면, 그 외계 생명은 어떻게 생겨났는가? 우주의 나이가 137억 년(또는 200억 년)이라는데, 그 정도라면 우연히 생명체가 생겨날 수 있지 않을까... 정말 그럴까?

"현실은 우주 어디에서도 다른 지적 생명체가 존재한다는 그 어떤 증거도 관측되지 않는다는 것이다." (엔리코 페르미, 노벨 물리학상 수상자)

6. 창조론과 지적 설계

많은 진화론자들은 진화론이 틀렸다고 해서 창조론이 맞는 건 아니라고 말한다. 하지만 빅뱅 우주론의 선두주자 중 하나인 물리학자 빌렌킨이 인정했듯이, 우주의 기원을 설명하기 위해서는 다음 두 가지 선택지 외엔 다른 가능성이 존재할 수가 없다.

(1) 지성에 의한 생성(미세 조정)
(2) 우연에 의한 생성(다중 우주)

이와 마찬가지로 생명의 기원에 대한 이론도 딱 두 가지일 수밖에 없다.

(1) 지성(설계)에 의해 만들어졌거나(창조론)
(2) 우연(무작위)에 의해 만들어졌거나(진화론)

"진화론은 입증되지 않았고 입증될 수도 없다. 우리가 진화론을 받아들이는 이유는, 진화론이 아니면 창조론을 받아들여야 하는데, 그것은 도저히 생각할 수 없는 일이기 때문이다." (아서 키스)

지적 설계 -과학적 증명은 불가능하지만, 과학적 추정은 가능하다.
진화론(우연/오랜 시간)은 무신론을 지지하는데 기여한다. 창조론(신/지적 설계)는 유신론을 지지하는데 기여한다. 무신론을 지지하기에 진화론을 선택한다거나 유신론을 지지하기에 창조론을 선택한다는 것은 과학적 방식이 아니다. 종교적 혹은 철학적 신념에 따른 선택이기 때문이다.

과학적 방식이란 무엇인가? 진화론이나 창조론을 선택하게 된 근거를, 경험으로 관찰되어진 사실들에서 찾는 것이다. 아무런 선입견 없는(진화론이나 창조론을 무시한) 상태에서, 객관적으로 관찰되는 사실들만을 가지고 판단(추정)할 때, 어느 쪽을 선택하는 것이 더 타당성이 있는가?·

녹슨 톱니바퀴가 흙속(지층)에서 발견되었다.

- 오래 전에 철광석이 마그마를 만나 녹아서 철이 만들어지고, 둥둥 떠다니다가 이리저리 부딪혀서 깨지고, 마그마의 흐름과 열에 의해 다듬어지다 보니(진화하다 보니) 우연히 톱니바퀴가 되었다.

- 옛날에 톱니바퀴를 설계하고 만든 누군가가 있었고, 그는 이것을 만들 수 있을 만큼 지적인 능력을 가지고 있었다.

톱니바퀴의 가지런함과 고르게 편평함은 질서이며 특별한 정보이다. 이런 질서와 정보가 우연히 어쩌다 저절로 만들어지지 않기에(관찰과 경험에 의하면/열역학 제2법칙) 질서의 창조자로서 우연한 생성(무작위적 발생)보다는 지적인 설계(지성의 창조)를 선택한다.

설계(지성)의 존재를 추정하는 것이 비과학적이고 불합리한가? 아니면 우연의 존재를 추정하는 것이 비과학적이고 불합리한가?

이집트 로제타석에 그려진 상형 문자는 바람과 침식에 의해 우연히 생성된 것인가? 아니면 사람(지성)이 어떤 의도를 가지고 만든 것인가? 사람(지성)이 만든 것이라고 추정한다면 그 이유는 바로 질서와 정보(설계의 흔적) 때문이다.

요즘 그림과 비교했을 때 그다지 고도의 기술과 노력을 들인 것 같지도 않아 보이는, 상당히 단순한 동굴 벽화를 보고 사람이 그린 것이라고 굳이 우기는 이유는 뭘까? 진화론을 믿는 사람이라면 마땅히, 아주 오랜 시간을 거치면서 비바람과 침식과 우발적인 충격에 의해서 서서히 조금씩 저절로 만들어진 것이라고 말해야 하는 것 아닐까? 세포와 뼈와 근육과 힘줄과 신장과 뇌도 우연히 저절로 생기는 판에 그까짓 동굴 벽화에 그려진 선 정도가 우연히 저절로 생기는 게 뭐 어렵고 힘든 일이라고 굳이 지적인 존재(인간)까지 들먹여야 하겠는가? 그런 이유로 해서 그 동굴 벽화를 굳이 인간이 그린 것이라고 간주하려는 행태에 대해 비과학적이고 비합리적이고 종교적이라고 말해도 되는 것일까?

최적화된 지구

항성 주위를 공전하는 대부분의 위성들은 타원형 궤도로 공전한다. 그러나 지구는 원형 궤도로 공전하여 극단적인 온도 변화를 최소화시켜 준다. 지구의 공전 궤도인 반경 1억 5천만km라는 거리는 지구 표면의 온도가 평균 14.4℃, 평균 바다 온도가 7.2℃로 유지되도록 함으로써 생물이 살 수 있는 환경을 제공하는 최적화된 거리다. 공전 궤도가 이보다 긴 다른 행성에서는 생물이 얼어 죽고, 공전 궤도가 이보다 짧은 행성에서는 생물이 타 죽는다.

지구 자전축은 다른 행성들과는 달리 수직이나 수평이 아니라 23.5도 기울어져 있다. 이러한 기울기가 지구에 극심한 온도 차이가 일어나지 않게 하고 4계절의 변화가 생기게 한다. 지구의 위성인 달은 지구로부터 최적의 거리와 최적의 무게를 갖고 원형 궤도로 공전하므로 말미암아 지구 자전축을 안정되게 하고, 지구의 기후를 안정시키는 중요한 역할을 하고 있다. 뿐만 아니라 지구에 밀물과 썰물을 일으켜 대륙의 해안들을 정화시키고 대륙의 영양소들을 바다로 전달해 주는 역할도 한다. 달을 연구한 두 명의 무신론 과학자(K. Night 와 A. Butler)는 달의 위치와 크기, 공전 주기 등이 도저히 우연의 일치로 생겨났다고 볼 수가 없어서 『누가 달을 만들었는가?』라는 책을 출간하였다.

놀라운 능력

흉내문어
진화론은 흉내문어를 어떻게 설명할 것인가? 흉내를 잘 내서 생존에 유리했다고 할 것인가? 그렇다면 어떤 과정을 통해서 문어는 흉내내는 능력을 갖추게 된 것일까? 우연히... 문어에게는 피부로 빛을 감지하는 능력도 있다. 피부에 눈이 달렸다는 얘긴데, 이것은 또 어떻게 생겨났을까? 우연히... 과연 이런 식의 설명을 가지고 과학적이라고 주장해도 되는 것일까?

딱따구리
딱따구리는 수도 없이 나무를 쪼는데도 불구하고 뇌진탕을 일으키지 않는다. 머리뼈와 뇌 사이에 완충 장치가 있기 때문이다. 나무 쪼면서 생기는 먼지를 막아주는 마스크도 있다. 나무속에 있는 벌레를 잡아낼 수 있도록 혀가 낚싯바늘처럼 생겼다. 침에는 강력 접착제와 같은 능력이 있다. 어떻게 이런 능력들을 갖추게 된 것일까? 우연히... 딱딱한 나무 안에 벌레가 있는 줄은 어떻게 알았을까? 우연히... 널려 있는 벌레들을 마다하고 굳이 나무를 쪼아서 그 속에 있는 벌레를 먹는 방식을 선택한 이유는 뭘까? 우연히... 진화되기 전에는 어떻게 뇌진탕이 안 일어났을까? 우연히….

개미

땅속에 있는 개미굴은 비가 올 때에 어떻게 될까? 개미들은 비가 올 때를 대비해서 흡수력이 좋은 토양에다가 집을 짓는다. 그리고 비가 너무 많이 올 때는 개미굴의 일부가 무너지게끔 설계를 해놓는다. 입구를 막아버림으로써 빗물이 더 이상 들어오지 못하게 하는 것이다. 일종의 홍수 차단 시스템인 셈이다. 비가 오는 동안에는 위쪽으로 새로운 굴을 파서 알, 애벌레, 번데기 등을 이동시킨다. 그리고 비가 그치고 나면 무너진 곳을 복구한다. 개미집으로 들어가는 구멍은 크기가 작아서 빗물이 그리 많이 들어오지는 않는다. 개미집 입구를 보면 다른 곳보다 약간 높은 것을 알 수가 있다. 빗물이 흘러들지 않게 담을 쌓은 것이다. 비가 올 것 같으면 담을 평소보다 높게 만들어서 대비를 한다. 도대체 비 오는 것은 어떻게 아는 것일까? 개미의 몸에 있는 숨구멍들을 통해서 대기의 변화를 감지한다.

배우지도 않은 것을 해내는 동물들의 신기한 능력과 그걸 가능하게 하는 신체 조직들은 과연 무얼 말해 주고 있는가? 컴퓨터가 가지고 있는 다양한 기능과 그걸 가능하게 하는 프로그램들이 우연히 저절로 만들어진 것이라고 주장하는 게 과학적인가? 아니면 지성을 가진 자가 프로그램을 (유전자를) 설계해서 만들어 넣은 것이라고 주장하는 게 과학적인가?

"생명체는 복잡하기만 한 게 아니라 작동을 하고 생존을 한다. 그것은 생존을 위해 온갖 능력을 발휘할 수 있으며, 생존하기 위해 설계된 기계처럼 보인다." (도킨스)

생명체가 설계된 것처럼 보이는 이유는 설계되었기 때문이다. 착각이 아니다. 비행기나 우주선의 복잡하고도 절묘한 기능과 작동을 보고 마치 그렇게 작동하도록 설계된 것처럼 보인다고 탄성을 지르면서도, 여전히 우연히 오랜 시간을 거쳐서 우연히 저절로 만들어진 것이 분명하다고 주장하는 사람의 사고방식을 어떻게 이해해야 할까?

지능

우리가 경험할 수 있는 지능은 수백 정도이다. 우리가 역사 기록을 통해서 경험할 수 있는 시간은 수천 년 정도이다. 시간을 수만 배 늘려서 수천만 년을 가정하듯이 지능을 수만 배 늘려서 수백만을 가정할 수 있다.

시간을 늘리기만 하면 벽돌들이 무작위적인 자연 운동(지진이나 태풍이나 화산 폭발 등)에 의해 우연히 저절로 모여서 집이 만들어지는 것이 가능할까? 문제는 우리의 경험 안에서 시간이 우연히 무언가를 만드는 것을 결코 경험할 수가 없다는 것이다. 오히려 시간의 흐름은 파괴(낡아서 망가지기)를 가져온다.(엔트로피의 법칙/열역학 제2법칙)

지능을 수천만 배 늘이면 어떻게 될까? 우리의 경험 안에서 인간의 지능은 놀라운 문명 이기를 만들어 냈음을 본다. 인간의 지능을 수천만 배 늘인다면, 현재 창조한 문명의 이기를 훨씬 능가하는 무언가를 만들어 낼 수 있을 것이라는 합리적 추론이 가능해진다.

현재 지능이 로봇을 만들 수 있다면 수천만 배 늘어난 지능은 자기복제하는 로봇(인간 생명체)도 창조할 수 있지 않을까? 현재의 지능이 서울이라는 도시를 만들 수 있다면, 더 놀라운 지능은 태양계를 만들 수 있지 않을까?

인간이 역사적으로 경험하는 바에 의하면, 시간의 누적은 우연으로부터 창조로 가는 가능성을 열어 주는 게 아니다. 시간의 누적은 지능이 창조할 수 있는 가능성을 열어 줄 뿐이다. 1시간에는 못 만들지만, 10시간이면 만들 수 있다. 우연에 의해서가 아니라, 지성에 의해서 말이다.

단세포 생물에서 없던 팔이 생기고, 없던 심장이 생기고, 없던 뇌가 생기고, 없던 날개가 생기는 것은 기적이다. 시간의 흐름(확장)은 있는 조직을 망가뜨릴 뿐, 없는 조직을 새롭게 창조하지는 못한다는 게 자연의 현실, 법칙이기 때문이다. 오랜 시간은 우연히 새로운 질서를 만들고 이를 정교하게 집적시켜서 새로운 조직을 만들어 내는가? 관찰하고 경험할 수 있는 현실과 과학은 결코 아니라고 말한다. 지성이 만들어 낸다.

생명의 발생과 부활(생명의 재생)

죽은 사람이 살아나는 것은 열역학 제2법칙에 위배된다. 따라서 부활에 대한 성경의 기사는 과학적으로 믿을 수가 없다. 그렇다면 진화론자가 과학을 믿는다는 말은 사실일까? 무생물에서 세포가 우연히 만들어지고, 그 세포가 복제 능력이 있는 생물로 우연히 만들어지고, 그 단세포 생물이 인간이라는 복잡한 생명체로 우연히 만들어졌다는 이론은 열역학 제2법칙에 위배되지 않는가?

모든 조직이 다 있고 숨만 끊어진 시체가 다시 사는 게 쉬운가? 아니면 무생물이 생물이 되는 게 과학적으로 쉬운가? 진화론의 논리를 도입해서 말하자면, 오랜 시간이 지나면 우연히 무작위적인 운동에 의해 시체가 저절로 살아날 수 있을까? 그 가능성이란 게 과학적으로 입증이 될 수 있을까? 시체는 오랜 시간이 지나면 저절로 썩는다. 오랜 시간은 질서를 저절로 만들어 내는 게 아니라 질서를 저절로 망가뜨린다.

오랜 시간이 흐르는 동안 우연히 무작위적 운동에 의해 저절로 아미노산이 하나 만들어졌다고 하자. 그 아미노산이 썩지 않고 기다리는 동안 드디어 또 다른 아미노산이 만들어지고 그렇게 만들어진 아미노산들이 우연히 질서 있게 결합해서 단백질 하나를 만들었다고 하자. 아미노산들이 우연히 저절로 결합해서 단백질을 만들고, 그 단백질들이 우연히 저절로 결합해서 세포를 만들기 위해서는 정말 긴 시간이 필요할 것이다. 그런데 이미 만들어진 아미노산이나 단백질이, 우연히 저절로 결합되어질 다른 또 하나의 아미노산이나 단백질이 만들어질 때까지 그 오랜 시간 동안을 어떻게 썩지도 않고 자신을 잘 보존할 수 있을까? 우연께서 그렇게 하신다는 게 진화론자의 신앙이다.

수백 혹은 수천 혹은 수만 개의 단백질이 서로 우연히 무작위적 운동에 의해 저절로 정확한 순서대로 결합해서 세포를 만들어야 하는데, 그걸 알고서 자신이 썩지 않도록 잘 보존하며 기다렸다니... 정말 대단한 과학적(?) 상상이다. 그렇게 생성된 세포는 또 어떻게 썩지 않고 살아남아서 또 다른 세포가 우연히 나타나기를 기다릴 수 있었을까? 게다가 그 세포는 어떻게 자기와 닮은 후손을 만들어 낼 수 있는 복제 능력을 갖추게 되었을까? 그러다가 마침내 오랜 시간이 지나자 어류, 양서류, 파충류, 포유류를 거쳐서 사람이 되었다.

정말 대단한 믿음을 필요로 하는 동화이다. 그보다는 차라리 모든 부품을 완벽하게 갖춘 채 단지 숨만 쉬지 않고 있는 죽은 시체가 시간이 지나자 우연히 저절로 다시 숨을 쉬며 살아났다고 하는 것이 훨씬 더 과학적이지 않을까? 완전히 썩어 버리기 전에, 혹은 썩지 않도록 우연히 보호되고 있다가 우연히 살아났다고 하는 것이 더 과학적이지 않을까?

세포가 자연 선택으로 만들어졌다고 해서 끝난 게 아니다. 그게 살아나야 한다. 생명력을 얻어야 한다. 세균이 갖고 있는 신체 조직과 기관이 다 만들어졌다고 생명이 저절로 주어지는 것은 아니다. 신체 조직과 기관이 다 있어도, 시체는 생명력이 없지 않은가? 도대체 어떻게 물질이 살아나는 것이 자연 선택으로 가능한 것일까?

모든 조직과 기관이 다 있고 숨만 끊어진 시체(물질)가 자연 선택으로 다시 살아나는(생물이 되는) 게 쉬울까? 아니면 아미노산(물질)이 자연 선택으로 신체 조직과 기관을 만들어 내고 난 후, 어쩌다 보니 자연 선택으로 생명이 생겨서 생물이 되는 게 과학적으로 쉬울까? 예수의 부활은 절대로 있을 수 없는 일이고, 비과학적인 신화에 불과하다고 목청 돋우는 자가, 무생물(물질)이 생명을 갖게 되는(살아나는) 것은 가능하다고 해도 되는 것인가?

시체는 무생물이 아닌가? 죽어서 생명이 없으니 무생물 즉 물질로 돌아갔다. 세상에서 생명체에 가장 가까이 가 있는 무생물(물질)이 시체 아닌가? 그런데 살아 있지 않은 물질(시체라 부르는 것)이 생명을 갖게 되는 것은 불가능한 일이지만, 살아 있지 않은 다른 물질(진화론자가 상상하는 것)이 생명을 갖게 되는 것은 가능한 일이라니? 왜 그런데? 그런 논법의 과학적(?) 근거는 도대체 무엇일까?

신 존재 증명에 관한 논변들
- 신 존재 증명은 신을 어떻게 정의하느냐의 문제이다.

<u>안셀무스의 신 존재 증명</u>
1) 신은, 더 큰 것이 생각될 수 없는 존재이다.
2) 만일 신이 정신 밖에 실재하지 않는다면, 신보다 더 큰 존재(신+실재)가 있게 된다.
3) 이는 신의 정의에 부합하지 않는다.
4) 신은 정신 밖에서도 존재한다.

"삼각형은 필연적으로 세 각을 갖지만 그것은 개념적 필연성이다. 그것에서 삼각형의 실재를 끌어낼 수 없다. 개념의 영역과 실재의 영역은 다르다. 또한 '신은 존재하지 않는다'는 명제가 그 자체로 모순을 포함하지 않는다. 그러므로 '신은 존재한다'는 명제는 분석 명제가 아니고 종합 명제이다. 신의 존재는 개념 중에 분석적으로 포함된 게 아니라 종합적으로 보태어지는 것이다. 그러므로 신의 개념에서 신의 실재를 끌어낼 수 없다."
(칸트)

칸트의 논리는 이렇게 적용될 수도 있다. '법칙은 존재하지 않는다.' 이 명제가 그 자체로 모순을 포함하지 않는다. 그러므로 법칙은 존재한다는 명제는 분석 명제가 아니고 종합 명제이다. 단순히 논증만으로는 법칙의 존재를 증명할 수가 없다. 단지 어떤 개별적인 현상들이 존재할 뿐이다. 법칙(모든 것이 그러하다)의 존재는 개념에 종합적으로 보태어진다.

'그 이상 큰 것을 생각할 수 없는 그 무엇'을 신이라 한다. 이 명제에서 더 이상 큰 것이 없다는 말은 존재하는 모든 것들 중 어느 하나도 신 밖에 있을 수 없다는 의미이다. 신은 모든 존재가 다 그 안에 포함되어 있는 존재이다. 존재하는 것으로 경험되는 것들은 모두 신 안에 보태어진다. 마치 법칙에, 경험되는 모든 개별 현상들이 다 포함되듯이 말이다. 과학 법칙의 존재가 사실이라면, 신의 존재도 사실이다.

<u>토마스 아퀴나스의 신 존재 증명</u>
ㄱ. 세상 어떤 존재든 모두 그 원인이 있다. 예를 들어, 나는 아버지가 있고, 아버지는 할아버지가 있고….
ㄴ. 그 원인의 사슬 끝인 첫 번째 원인은 스스로 존재하는 것이다.
ㄷ. 이 존재를 신이라 부른다.

"인간의 이성은 경험 세계에만 적용할 수 있도록 한계 지어졌다. 그럼에도 이성이 자신의 추론을 경험할 수 없는 무한 대상(신)에까지 확장해

나가면, 이성은 경험적 길에서든 선험적 길에서든 아무것도 성취하지 못한다. 사변의 힘으로 감성 세계를 초월하려고 그 날개를 펴지만 헛수고에 그칠 뿐이며 어쩔 수 없이 오류에 빠지게 된다." (칸트)

감각을 통해 얻은 사물의 존재(현상 세계)는 인간의 머리(인식 구조)에서 만들어 낸 것(인간에게만 객관적인 관념)이지 물자체가 아니다. 인간의 감각에 비치는 현상이 있다고 해서 그 현상을 만들어 낸 원인으로서 물자체가 필연적으로 존재하는 것은 아니다. 물자체의 존재도 증명할 수가 없다. 칸트가 말한 물자체는 존재하는가? 존재하지도 않은 물자체를 근거로 해서 현상의 존재를 설명한다는 것이 가능한가? 현상이 곧 물자체 아닐까? 물자체라는 것을 설정한다는 게 무슨 의미가 있는가? 어차피 인간이 알고 있는 모든 지식은 인간의 인식 구조에서 만들어지는 것이다. 물자체든 신이든 인식 구조에 따른 논리적 결론으로 그 존재가 설명되면 되는 것이다.

칸트 식으로 말하자면, 신 또는 물자체는 인간의 인식 구조 이전의 존재이겠지만, 인간이 알고 있는 신이나 물자체는 인간의 인식 구조에 의해 만들어진 세계(현상)에서 존재하면, 실재하는 것이다. 어차피 인간에게 의미 있는 것은 현상 세계에서 존재 여부 아니겠는가? 그 이상에 대해서는 인간이 뭐라 할 말이 없지 않는가? 그걸 말한다 한들 그게 인간에게 무슨 의미가 있겠는가?

모든 것에는 원인이 있다는 것이 인간이 갖고 있는 기본적 사고의 틀이다. 무언가 시작점이 있어야 한다는 말이다. 그냥 발생하는 것은 없다. 자동차(존재)가 있으려면 자동차를 만들기 위한 의도(설계)와 행동(에너지)이 있어야 한다고 인간은 누구나 생각한다. 바로 그 최초의 시작점을 아퀴나스는 신이라고 정의한다. 원동의 부동자, 원인 없는 원인(최초의 원인), 존재의 근거(필연성), 비교의 기준(완전성), 존재의 목적(설계자).

    신이 있다는 말은 다른 말로 하자면 시작점이 있으며 이후의 결과는 그 시작점의 의도와 행동에 따라 나타난 것이라는 의미이다. 그리고 그 시작점이 이후의 결과를 다 포함하고 있는 것이기에 전지하고 전능하다고 말한다. 인간의 사고가 갖고 있는 이 논리 즉, 앞선 원인이 있다는 사고방식을 인정하지 않는 순간, 인간의 모든 지식은 갈 길을 잃어버린다. 그 논리가 인간이 세상을 바라보는 눈깔(인식 구조)이기에 그렇다.

    앙코르 와트가 어떻게 존재하지?

    - 그냥 조금씩 자연 선택을 통해 진화한 거지. 그것을 만들겠다고 의도(설계)한 지성 따위는 있지도 않았어. 태양과 번개와 태풍과 지진과 화산 폭발 등등 뭔가 알 수 없는 운동들이 그냥 우연히 아주아주 조금씩 조금씩, 아주아주 오랜 시간 동안 만들어 낸 거지.

    디즈니랜드 가 봤어, 그런 걸 어떻게 다 생각해 냈을까, 그 구조와 설계가 너무나 놀랍지 않아?

    - 설계한 것처럼 보이지만 사실은 설계한 게 아니야. 그냥 자연 선택을 통한 진화가 우연히 그 복잡성과 우아함을 경이로운 수준으로 올려놓음으로써 마치 누군가가 설계한 것처럼 보이게 했을 뿐이야. 그냥 어쩌다 보니 생긴 거야. 확률의 법칙에 의해서... 아주 작은 곤충의 몸속에도 신경이라는 게 있잖아. 그 정교한 신경계도 그냥 우연히 저절로 만들어지는 판

에 디즈니랜드 정도야 별 거 아니지.... 도킨스 복음 1장 1절(?).

페일리의 신 존재 증명
시계를 보면 그것을 만든 시계공을 떠올린다.
시계의 질서(설계)가 설계자(시계공)의 존재를 입증한다.
자연에는 시계보다 더 복잡한 질서(설계)가 있다.
자연 질서를 만든 설계자(신)가 있다.

"에피쿠로스가 수많은 원소가 제멋대로 움직이며 가능한 모든 결합을 이루다가 어느 때 우연히 안정된 결합을 이룸으로써 고정되고 질서 잡힌 세계가 형성되었다는 그 나름의 우주론을 펼쳤다.

우연에 의해서도 세계가 형성될 가능성을 배제할 수 없으므로 단순히 추론에 의해 신의 존재를 증명하는 일은 부질없다. 어떤 것이 질서를 갖고 있다 해서 반드시 그것이 설계되었다고 볼 수는 없다." (흄)

우연에 의해서 인어공주가 생겨날 수 있는 가능성을 배제할 수 없기에 인어공주는 상상의 존재라고 해서는 안 되는가? 독약을 먹어도 우연히 안 죽을 수 있는 가능성을 배제할 수 없기에 독약을 먹지 말라고 하는 것이 부질없는 지식인가?

과연 우연이 질서를 만드는 가능성이 있는가? 우연이 질서를 만드는 것을 경험한 적이 있는가 말이다. 우연에 의해 복잡한 질서가 저절로 만들어질 수도 있다는 것은 단지 상상일 뿐이다. 흄의 논리대로 하자면, 우연이 질서를 못 만들 가능성을 배제할 수 없기에 우연이 질서를 만들었다는 흄의 주장도 부질없는 짓이 되지 않는가?

우연은 질서 없음을 의미한다. 질서 없음이 질서를 만들 수 있는가? 일단 만들었다고 가정해 보자. 우연히 만들어진 질서는 질서가 아니다. 왜? 항상 우연히 없어질 것이기 때문이다. 그러므로 질서가 없다고 여기는 게 맞다. 질서는 변하지 않고 유지되는 것을 의미하기에 그렇다. 흄의 논증 역시 우연히 생겨난 것이고, 우연히 사라질(논리가 깨질) 가능성을 배제할 수 없기에, 그런 논증을 굳이 참으로 여겨 의미 있게 들을 필요가 없다. 의미 없는 일시적 우연(헛소리)이니까 무시해 버리면 그만이다.

"자갈들은 해안선을 따라가며 그 크기에 따라 각각 띠를 이루고 있다. 작은 자갈로 이루어진 띠가 있는가 하면 큰 자갈로 이루어진 띠도 있다. 파도의 작용에 따라 분류되고 배열되고 선택된 것이다. 파도는 목적도 의도도 없이 자갈들을 이리저리 굴릴 뿐이다. 비록 사소한 것이지만 무질서로부터 질서가 나왔으며, 이 과정에는 어떠한 마음도 개입하지 않았다. 진화 과정(자연 선택)에 만일 설계자가 존재한다면, 그는 필경 눈먼 시계공일 것이다." (도킨스)

무질서가 질서를 만들어 낸 게 아니다. 질서가 질서를 만들어 낸 것이다. 파도가 사방에서 일어나지 않고 일정한 방향에서(질서) 일어났기에 생긴 것이다. 그렇게 만들어진 자갈의 띠는 그 질서를 우연히 계속 유지하는가? 어떻게? 우연이 그걸 붙들고 있는가? 그 다음에는 그 우연에 의해 그 자갈들이 다른 자갈들 위로 올라가 쌓임으로써 더 복잡한 질서로(담장이나 벽으로) 나아가는가? 그런 일은 벌어지지 않는다. 자갈의 띠는 자연 법칙에 따라서 벌어진 일시적인 결과일 뿐이다. 하지만 그 자갈의 띠들이 쌓여서 저절로 담장이나 벽이 되는 것은 자연 법칙에 어긋나는 현상이다. 우연에 의해 나타날 수 있는 결과가 아니다. 언제든 그 자갈 띠들은 태풍이나 다른 파도에 의해 변형되거나 흔적도 없이 사라진다. 그 자갈 띠가 담이 되고 벽이 되고 집이 될 리가 없다. 수백만 년, 수십억 년이 지나도 결코 집이 될 수는 없다. 둥근 자갈이 아무런 접착제 없이 저절로 쌓여서 집이 되는 것은 자연 법칙에 어긋나기 때문이다.

무생물에서 생물이 나오는 것은 과학 실험으로 입증한 자연 법칙(파스퇴르 법칙)과 어긋난다. 돌연변이에 의해 유전자는 퇴화하고 있을 뿐, 더 복잡한 정보를 담은 유전자로 진화하지 않는다. 관찰과 실험으로 확인한 과학적 사실이다. 자연 법칙과 어긋나는 현상이 오랜 시간이 흐른다고 가능해지는 것은 결코 아니다. 파도(번개)에 의해서 우연히 만들어진 자갈 띠들(아미노산)은 그것들이 모여서 집(단백질)을 만들기도 전에 우연히 부서져 버린다. 그것들이 오랜 시간 동안 질서를 유지하며 기다렸다가 새로운 질서가 거기에 집적됨으로써 더 복잡한 질서로 나아가도록 이끄는 우연의 시도(?)란 것은 관찰되지 않기 때문이다. 우연은 눈먼 시계공이 아니다. 그냥 언제든 사라지는 아무것도 아닌 우연일 뿐이다. 하지만 눈먼 시계공은 눈이 안 보여서 불편할 뿐, 마음(의도/설계)이 없는 게 아니다. 어둠 속에서는 오히려 눈먼 시계공이 시계를 더 잘 만든다.

진화는 객관적 사실이 아니라 주관적 상상이다.
진화는 관찰의 결과가 아니라 관찰의 전제이다.
진화는 과학적 입증이 아니라 동화적 해석이다.
진화는 과학이 아니라 철학(종교)이다.

<참고 자료>

* 교과서진화론개정추진회, 『교과서 속 진화론 바로 잡기』, 생명의말씀사, 2021.
* 김기환, 『생물의 진화는 과학적 사실인가?』, 한국진화론실상연구회, 2008.
* 김무현, 『창세기 믿어? 말어?』, 말씀과만남, 2005.
* 래리 위덤, 『과학과 종교 논쟁, 최근 50년』, 박희주 옮김, 도서출판 혜문서관, 2009.
* 리처드 밀턴, 『다윈도 모르는 진화론』, 이재영 옮김, 도서출판 AK, 2009.
* 리처드 도킨스, 『눈먼 시계공』, 이용철 옮김, 사이언스북스, 2010.
* 리처드 도킨스, 『만들어진 신』, 이한음 옮김, 김영사, 2010.
* 리처드 도킨스, 『신 만들어진 위험』, 김명주 옮김, 김영사, 2021.
* 리처드 도킨스, 『이기적 유전자』, 홍영남 이상임 옮김, 을유문화사, 2018.
* 알리스터 맥그라스 조애나 맥그라스, 『도킨스의 망상』, 전성민 옮김, 살림, 2008.
* 알리스터 맥그라스, 『도킨스의 신』, 김지연 옮김, SFC출판부, 2017.
* 정일권, 『우주와 문화의 기원: 르네 지라르와 자연과학』, CLC, 2019.
* 찰스 다윈, 『종의 기원』, 장대익 옮김, 서울:사이언스북스, 2019.
* 켄 햄 휴 로스 데보라 하스마 스티븐 마이어, 『창조, 진화, 지적 설계에

대한 네 가지 견해』, 소현수 옮김, 부흥과개혁사, 2020.

* EBS 다큐프라임 제작팀, 『신과 다윈의 시대』, 도서출판 세계사, 2012.

* Fingerofthomas, 『46억년 vs 6천년』(전자책), https://www.fingerofthomas.org, 2018.

* Fingerofthomas, 『하나님이 살아계신 12가지 객관적인 증거』(전자책), https://www.fingerofthomas.org, 2017.

* Kent Hovind, Creation Science (DVD), https://drdino.com.

* Carl Werner, Evolution : Grand Experiment (DVD), http://www.thegrandexperiment.com.

* 서풍운, 창조론의 증거들 모음(진화론 논쟁), http://poongwoon.tistory.com/94

* 한국 창조 과학회, 자료실, https://creation.kr/ArticlesHome.